"十四五"时期国家重点出版物出版专项规划项目

智慧养殖系列

引领肉羊养殖业
数智化转型

◎ 王　园　安晓萍　王步钰　著

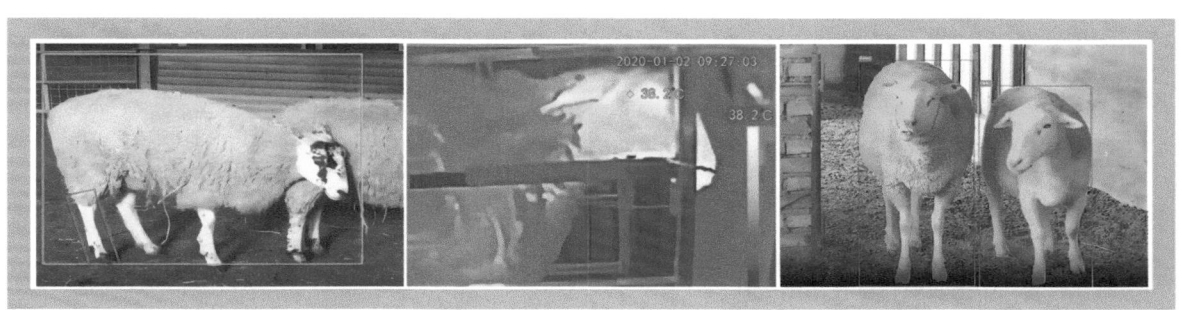

中国农业科学技术出版社

图书在版编目（CIP）数据

引领肉羊养殖业数智化转型 / 王园，安晓萍，王步钰著. --北京：中国农业科学技术出版社，2024.5

ISBN 978-7-5116-6653-6

Ⅰ.①引… Ⅱ.①王… ②安… ③王… Ⅲ.①数字技术－应用－肉用羊－饲养管理 Ⅳ.①S826.9-39

中国国家版本馆CIP数据核字（2023）第 256747 号

责任编辑	施睿佳　姚　欢
责任校对	王　彦
责任印制	姜义伟　王思文

出 版 者	中国农业科学技术出版社
	北京市中关村南大街 12 号　　邮编：100081
电　　话	（010）82106631（编辑室）　　（010）82106624（发行部）
	（010）82109709（读者服务部）
网　　址	https://castp.caas.cn
经 销 者	各地新华书店
印 刷 者	北京建宏印刷有限公司
开　　本	185 mm×260 mm　1/16
印　　张	13.75
字　　数	320 千字
版　　次	2024 年 5 月第 1 版　　2024 年 5 月第 1 次印刷
定　　价	78.00 元

《引领肉羊养殖业数智化转型》

著作委员会

主　著：王　园　　安晓萍　　王步钰

参　著：齐景伟　　刘　娜　　王文文　　王瑞军
　　　　陶琳丽　　徐　乐　　张立倩

前　　言

  养羊业作为我国现代农业的重要组成部分，近年来发展趋势良好，年存出栏量稳步增长，并且随着我国居民收入水平提高和生活方式转变，国内羊肉需求量将持续增加。在环保压力、资源约束、国际竞争、疫病风险等问题的影响下，绿色养殖将成为发展羊产业的主流趋势。绿色发展的要求将使羊产业出现结构与模式的颠覆性变革，结合物联网、大数据、人工智能等多元信息技术的全新智慧养殖模式将成为主流。

  为了适应羊智慧养殖模式的发展，笔者团队针对当下现状编写了《引领肉羊养殖业数智化转型》，本书以真实羊生产为基础，系统而全面地介绍了羊养殖相关技术、应用与实践，并以云著作理念提供线上沉浸式交互体验。全书共十二章，覆盖了智慧养羊的主要技术。第一章介绍了养羊业概况；第二章介绍了羊智能化监测；第三章至第六章介绍了羊智能化育种、智能化繁殖、智能化营养和智能化健康管理；第七章至第十一章分别针对羔羊、育成羊、繁殖母羊、种公羊和育肥羊的智能化饲养管理技术进行系统阐述；第十二章全面介绍了羊智慧养殖管理系统的精准饲喂、物资管理、养殖管理、提醒预警系统、性能分析、实景监控、性能测定、疾病预防、屠宰销售九大业务模块。

  本书既可以作为新农科背景下的高等农林院校和高职高专院校智慧牧业科学与工程等畜牧相关专业教材，也可用作现代化羊场基础培训资料，帮助从业人员和相关研究人员对智慧养羊的概念、技术与应用加深理解，对促进羊智慧养殖产业的发展具有重要作用。

  全书由王园（内蒙古农业大学）、安晓萍（内蒙古农业大学）、王步钰（内蒙古农业大学）主著，参著的还有齐景伟（内蒙古农业大学）、刘娜（内蒙古农业大学）、王文文（内蒙古农业大学）、王瑞军（内蒙古农业大学）、陶琳丽（云南农业大学）、徐乐（云南农业大学）、张立倩（内蒙古农业大学）。

著　者

2023年12月

目　　录

微信扫码进入线上平台

第一章　养羊业概况

1.1　我国羊养殖业现状

我国是养羊历史大国,地方优质羊品种丰富,是我国家畜动物多样性的重要组成部分,羊身上的奶、肉、毛皮都是人们日常生产生活中常见的物质。随着社会的发展和人们消费水平的提高,人们逐渐认识到,相比于猪肉,羊肉具有高蛋白、低脂肪的特点,深受广大消费者欢迎,羊肉市场需求剧增,羊产业发展逐渐向肉用为主转变,随之带动全国肉羊养殖规模迅速扩大,肉羊养殖产业发展前景广阔。

1.1.1　近几年全国羊只存栏总量快速增长

根据国家统计局披露数据,2019年以来,我国羊只的存栏量持续增加,2022年末我国羊只存栏量超过3.2亿只,同比2021年增长2.1%,这得益于我国羊养殖技术水平的提高以及生产模式的改变。根据《国家畜禽遗传资源品种名录(2021年版)》,我国的绵羊品种89个、山羊品种78个。从不同品种羊只存栏量占比来看,2021年,全国绵羊存栏量超过1.8亿只,占比接近六成,而山羊存栏量占比相对较小。

1.1.2　羊肉进口量下降

2020年,受新型冠状病毒感染疫情的影响,全球羊肉生产和贸易均呈现低迷态势,进口规模缩减,羊肉进口量开始下降。主要进口来源国为新西兰和澳大利亚。2021—2022年,我国羊肉进口量从41.1万吨下降至35.8万吨,下降了12.9%。

1.1.3　肉羊养殖产业优势区集中在内蒙古等地

目前,我国肉羊养殖仍以家庭为单位的小规模分散养殖户模式为主,主要分布在内蒙古、新疆、青海、甘肃及西藏等地区。《"十四五"全国畜牧兽医行业发展规划》提出,要重点布局发展西北区的肉羊产业,建设一批产业集群。近年来,农业农村部连续发布《关于认定中国特色农产品优势区的通知》,截至2022年年底共发布4个批次,涉及羊养殖产业的共有10个优势区,主要分布在内蒙古、青海等地。

1.1.4　国内羊养殖产业水平将进一步提升

随着国内城乡居民收入水平的不断提高及生活水平的改善,居民肉类饮食消费观念逐步转变,国内人均羊肉消费量持续增长。但目前国内人均羊肉消费量与国外发达地区相比仍处于较低水平，国内羊肉行业发展蕴藏着巨大潜能，未来潜在消费市场巨大，由此也将推动上游羊养殖行业发展水平进一步提升，预计未来我国羊养殖规模和产业发展水平将显著提升。

1.2　我国养羊业发展方向

随着我国经济的高速发展，人民生活水平不断提高，养羊业也不断发展，特别是21世纪以后的十几年，步入快速发展时期，羊肉的需求量逐年递增，出现了肉羊出栏量、羊肉产能迅速增加而毛用型羊存栏量、产毛量持续减少的发展趋势。未来，规模化、集约化、产业化养羊将成为我国肉羊产业发展的主流趋势。

1.2.1　高效集约化饲养模式

高效集约化饲养模式也被称为规模化、集约化的养羊生产体系，其特点为规模大、养殖密度高、技术应用密集、生产周期短、生产效率高、饲养方式以舍饲为主。这种新体系要求生产者和管理者能够准确地掌握羊群对不同环境的反应特点，采用人为控制的配套技术，包括营养、繁殖以及疾病预防等重要环节的调控，对羊生产实行有效的控制，进而达到规模化、集约化高效生产与产业化服务的平衡协调。其指导思想是以动物科学和现代科学技术为先导，以经济效益为中心，在适宜配套的生产、管理和经营体系中，最大程度地发挥和调动生产者的积极性和新技术的效力，使养羊业成为农业经济的新增长点，形成产业集群。

1.2.2　建立饲草高产栽培、加工与高效利用供应体系

养羊的成本70%是饲草和饲料。要使养羊生产有利润，首要条件是保证饲草、饲料的供应和大幅度降低饲料生产成本。我国拥有丰富的农副产品资源，特别是农作物秸秆资源，综合开发利用潜力巨大。要实现集约化养羊，必须改变传统生产方式，积极改造与合理利用天然草场，提高产量，以少量土地生产大量的优质牧草；同时对各种农作物秸秆，进行粉碎、氨化、发酵等加工处理，提高饲草的营养价值，实现高效利用。

1.2.3　改善饲养条件，改革管理体制，提高劳动效率

为确保羊肉品质、保护环境和提升生产效率，需要对羊饲养条件进行改善，同时改革羊场的管理体制。要实现这些目标，首先需要对羊舍环境进行改造，确保饲养足够的空间、合适的温度、充足的清洁水源和均衡的营养供给。同时，应引入先进的技术、管理理念和设施，比如自动化喂养和健康监测系统，用科技力量减轻劳动强度，提升效率。

1.2.4　发展龙头企业，实现生产、加工、销售一体化

在支持众多的小规模散户建设规模化生产基地的同时，也要扶持发展肉羊相关企业和合作社的发展，培育龙头企业，并延长产业链，加强上下游产业链紧密合作，实现生

产、加工、销售一体化，促进一二三产业融合发展。同时，完善企业、各类中介服务组织与养殖户的利益联结机制，积极探索和建立"中介公司+龙头企业+基地+农户"模式的新运行机制。

1.2.5　建立完善种羊育种体系与科学运用高频繁殖技术

为了提高羊肉供应的质量与效率，建立一个完善的种羊育种体系至关重要。这一体系将围绕优质种羊的选育、遗传性能的评估与提升，以及后代的表现监控等关键环节展开。通过科学运用性能记录、血统追溯、遗传评估和分子标记技术等方法，可以精确识别和选择具有优秀生产性能和适应性的种羊。此外，高频繁殖技术的科学运用可以显著提升羊只的繁殖效率。运用这些技术包括同期发情技术、人工授精、胚胎移植技术等，能够让种羊在一年内产生多批后代，同时还可优化遗传资源的利用，通过精准配种，获得更多优质的后代。不仅如此，这些技术的运用还有助于遗传病的控制与繁殖疾病的预防，进而保障种羊群体健康持续发展的基础。将完善的种羊育种体系与高频繁殖技术有机结合，可以大幅度提升羊只的品质，满足市场对高品质羊肉的需求，同时也有助于实现畜牧业的可持续发展。

1.2.6　建立完善疫病防控体系

建立完善疫病防控体系对于保障羊场卫生安全、预防和控制疾病传播至关重要。结合肉羊不同阶段的生理特点和实际生产需要，制订羊只免疫计划、圈舍环境消毒流程、疾病防疫方案、普通病防治方法等。坚持贯彻"预防为主"的基本方针，做到防重于治，最大程度地减少疫病发生。监测和预警机制作为防控体系的前哨，需要建立以实时数据收集、分析和反馈为基础的信息网络，能够及时发现疫情迹象并启动早期警报。同时，建立疫情报告制度，实时监测，随时上报。

1.3　我国养羊业的发展

我国养羊业发展历史悠久，它与中国农业文明的起源和发展密切相关。新中国成立初期为解决毛纺织行业的原料紧缺、生产受限、产品质量低等问题，重点发展毛用、毛肉兼用的细毛羊、半细毛羊。我国先后培育了中国美利奴羊、新疆细毛羊、东北细毛羊等10余个细毛羊品种、3个半细毛羊品种、1个羔皮羊品种、1个毛用山羊品种、1个绒用山羊品种，同时培育出了2个奶山羊品种。20世纪80年代，人民生活水平提升，需求增加，养羊业发展重点由毛用为主向肉用为主转变，以粗放式放牧养殖为主，以求最大化利用草场资源，草场改良、季节轮牧、人工授精、适时出栏等技术措施被推广使用。20世纪90年代中期，养殖业开始向农区迁移，肉羊养殖业兴起。2000年之后我国养羊业再次进入发展黄金期，大量高品质肉羊品种从国外引进，国民人均羊肉消费量显著增加，而细毛羊育种进一步向超细毛羊育种方向发展。同时，粗放式放牧的养殖方式向精养式舍饲过渡，养羊产业逐步走向集约化和规模化。环境保护越来越受到重视，建立改进了国家肉羊以及毛用羊产业技术体系。最近几年，随着科技的进步和产业的转型升级，养羊业进一步向规模化和标准化发展，出现了智能化饲养管理及环境控制技术，产品可溯源，质量有保障。此外，相关从业人员素质明显提高，监管制度愈加完善，养羊业产业化格局基本形成。

1.3.1 我国养羊业未来发展方向

1.3.1.1 大数据平台促进肉羊产业链各环节无缝对接

无论在国家政策大环境下还是肉羊产业的小环境下，大数据信息的整合和应用已成为大趋势。大数据平台在肉羊饲养、扩繁、防疫、屠宰、销售等产业链中起着至关重要的作用，促进了产业链各环节之间的无缝对接。通过收集和分析种群遗传信息、饲养成本、市场需求、价格波动等数据，平台能够提供决策支持，从而帮助养殖户选择最佳的品种和养殖策略，优化饲料配比和养殖环境，减少成本，提高生产效率。同时，大数据平台也为屠宰加工、物流配送、市场销售等后续环节提供了实时信息，使得肉品质量受到严格监控，并确保其可追溯性，增强消费者信心。此外，对市场的深入洞察还有助于生产者与供应链上下游及时调整生产规模和销售计划，响应市场变动，减少浪费，提高整个产业链的效率和反应速度。因此，大数据平台作为链接产业链各环节的纽带，对实现肉羊产业的数字化、智能化管理，提升产业竞争力发挥着重要作用。

1.3.1.2 加速羊品种改良及繁育进程

大数据对种羊谱系繁育改良具有促进作用，肉羊品种改良的进步反过来又进一步推进大数据羊产业链发展。羊品种的改良需要构建繁育系谱网络系统，系统中每只羊都有一个独一无二的ID电子档案，记录着羊个体情况包括品种、来源、生日、性别、父母系、繁育状况、产肉率、抗病力和防疫等管理信息，种羊与子代羊的谱系关系，以及子代羊生产性能、抗病能力等重要遗传相关性能信息；此外，有效利用不同品种生产性能的大数据信息，选取适合当地环境养殖的品种，积极进行本地良种的培育，从而保证优良品种发挥高效的生产潜能。同时，建立数据档案可对本品种诸多性状有更深入和准确地了解，加快优质品种的培育，促进羊产业的快速发展。

1.3.1.3 市场预测现代化

市场行情变化对肉羊养殖行业的影响巨大，是广大养殖从业者和企业高度关注的问题，市场行情的变化受供需关系、饲料成本、疫病、进出口政策、国家政策、经济环境、季节变化、竞争肉类市场、投机行为以及社会文化等多种因素影响。大数据技术可以收集来自肉羊供应链中的各个环节的海量数据，包括饲养情况、屠宰加工数据、物流信息、市场供需数据、消费者购买行为等。通过数据挖掘和分析这些信息，可以为市场行情提供精准的预测。大数据区块链具有信息不可被篡改、公开透明等特征，可以提供一个安全可靠的平台，用于记录和存储肉羊产业链的每个环节的数据。这些数据的透明化有助于实施实时监控市场动态，提高预测的时效性。

1.3.1.4　精准饲喂，动态营养，私人订制养殖

在现代畜牧业中，"精准饲喂，动态营养，私人定制养殖"代表了一种创新和高度个性化的养殖管理理念。对于羊的具体生长阶段、健康状况和遗传特性来配制饲料，确保获得均衡的营养摄入，同时最大程度地提高饲料的转化效率。通过使用传感器、数据分析和人工智能等技术来监测羊的生长性能和健康数据，实时调整饲料配方和饲养策略，实现动态营养管理。私人定制养殖的概念进一步将上述方法个性化，针对不同用户的具体需求定制饲养方案，如肉质口感、特定的健康需求等，从而生产出符合市场各个细分领域的高品质肉产品。这种模式有助于提高养羊业的可持续发展能力，同时增加养殖效益和消费者满意度。

1.3.1.5　基于物联网智能管理系统与羊产业链深度融合

1.3.1.5.1　智能环控系统

通过羊舍内安装的各种类型的传感器，实时动态监测养殖环境的温度、湿度、氨气浓度、二氧化碳浓度、亮度等关键指标数据，并将这些数据通过云端传输到配套的羊智慧养殖大数据平台。养殖户可通过手机、电脑等终端设备实时查看羊舍环境状况，同时可根据羊只生长管理对环境条件的要求，及时调控羊舍环境。另外，若环境指标数据超出预警阈值，系统将及时向养殖户发出警报，让养殖户可及时采取相应措施，减少因意外情况发生造成财产损失。

建立包括环境监控、设备管理、能耗监测和报表展示4大模块的智能环控系统。利用物联网技术，实现舍内状态监测、环控设备智能化调控、舍内状况远程监控、异常（超出阈值）预警、环控设备能耗分析、养殖生产任务管理。根据实时监测得到的温度、湿度、噪声、光照度、二氧化碳浓度等环境参数，自动调控舍内通风设备、天窗、水帘、加暖器和除污设备等环控设备的运行，达到对养殖环境的科学智能化控制，保障绿色养殖，改变传统养殖对人力资源的较大依赖，并在降低人力成本的同时，提高生产管理效率。

1.3.1.5.2　AI养殖系统

利用AI（人工智能）和机器视觉技术，使用智能摄像头对羊只进行运动轨迹追踪、运动状态监测、健康分析、体重估算，分析羊只每日运动量和体重变化，判断其健康状况，让养殖户可实时掌握羊只健康状况和生长情况，为生产养殖管理提供科学的决策依据，优化喂养策略，如饲料配方的优化，个体健康状况的侧面评估等，有利于开展智能化精确饲喂，提升产能。

1.3.1.5.3　电子医生系统

电子医生系统是一个利用先进的信息技术、大数据分析和人工智能算法为动物提供健康监控和医疗诊断服务的系统。利用智能穿戴设备全天候监测羊只核心体温和运动量，重点监测其发情期和发病期的体温和运动量变化，为羊只发情期的生理行为和发病特征建模，将实时检测到的特征数据与发情期及发病状态的数学模型进行比对，准确判断其发情期和发病情况。精确预测发情期可提高配怀率，实现每只羊的经济效益最大

化；及时了解发病个体的健康饮食状况，对疾病提前预警，及早防治，有利于降低用药成本，还可提前防止疾病传播，减少损失。基于物联网下的远程诊疗服务平台技术，系统集临床兽医专家诊断技术和畜牧专家养殖技术于一体，通过语音和视频进行远程临床剖检指导、羊疾病的视频咨询和在线疾病查询及重大疫情通告、各类实验室诊断和化验检验结果通告等。利用该系统，基层兽医、兽药经销商、养殖企业和养殖户能第一时间与专家在线联系沟通，及时获得疾病治疗服务、兽药合理使用、养殖技术咨询、动物疾病预防等知识。

　　未来养羊业是在全产业链视野下的规模经营，将长期围绕"高效、优质、绿色"主题开展科学研究和技术创新、集成，品种培育和精准饲养（包括营养精准和防疫精准），环境保护、环境友好和羊产品安全是养羊业必须长期坚持的原则。随着我国自动化、信息化、智能化技术的发展，养羊业"云养殖""物联网管理"时代已经到来，如何应用新技术、新理念管理和组织好规模化养羊生产，做大做强羊产业集群，引领养羊产业发展的潮流和方向，是养羊科技工作者长期应该考虑的问题，也是未来长远努力的目标。

第二章 智能化监测

随着信息技术的快速发展，物联网、大数据及人工智能等技术为畜牧业发展带来巨大动力，推动畜牧业向高效规模化、智慧化方向转变。个体信息智能化监测是实现智慧养殖的必由之路。个体信息智能化监测依托由大量传感器节点构成的监控网络，通过智能传感器实时采集动物个体信息，利用云边端协同架构实现数据异构、实时在线数据传送和处理，以实现智能化识别、定位、跟踪、监控和管理。目前，羊个体信息智能化监测可分为目标视觉检测和行为视觉识别两大方向，这两大方向均基于计算机视觉技术。

2.1 计算机视觉技术

计算机视觉技术是融合图像处理、概率分析等技术形成的，基本原理是利用摄像头等智能传感器获取图像，通过图像预处理去除噪声并增强图像质量，运用统计模型、模式识别或时频域分析等技术实现对图像的特征提取和识别，最终达到让计算机像人类一样"看到"并理解图像的目的。最基本的计算机视觉工作流程包括图像采集、图像处理和图像特征分析（图2-1）。图像采集是利用单个或多个摄像头等智能传感器采集图像或视频，在边缘计算节点完成图像数据的存储和计算任务，进一步在云端中心节点完成大量数据的深入分析。图像处理包括图像预处理和图像特征提取两部分，图像预处理是通过图像去噪、图像增强、图像滤波、背景抠除、归一化和色彩校正等技术过滤不必要信息甚至干扰信息，增强图像特征；图像特征提取是通过频域变换、边缘检测、卷积神经网络等方式提取图像中颜色、纹理、形状、边缘、角点等特征，转化为特征向量。图像特征分析模块是利用卷积神经网络、支持向量机、随机森林等机器学习算法和深度学习模型完成图像的分类和识别。

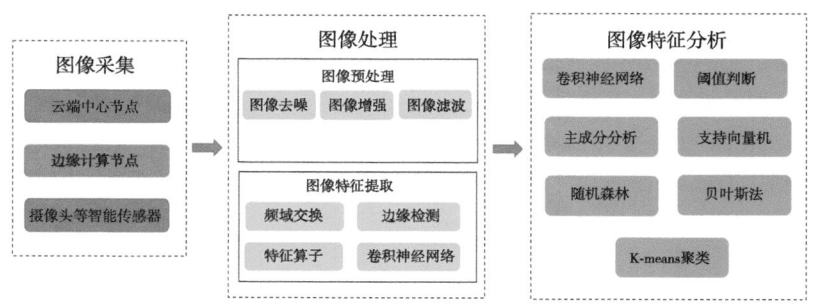

图2-1 计算机视觉系统的基本结构

2.2　目标视觉检测

2.2.1　目标视觉检测介绍

目标视觉检测是计算机视觉的核心研究方向之一，也是目前的研究热点。目标视觉检测主要包括目标定位和目标分类2个任务。目标定位即从给定的图像中找出目标，最终结果可以是Box或者是Mask区域范围。由于实际应用时目标视觉检测的视觉场景一般都比较复杂，存在目标背景繁杂、检测目标部分被遮挡、相似度高、目标重叠等问题，所以在实际应用中目标定位难度比较大。

传统的目标视觉检测流程包括区域选择、特征提取、分类器分类3个步骤。

（1）区域选择：利用滑动窗机制，在目标视觉检测图像中选择一块区域作为特征提取候选区。

（2）特征提取：针对目标视觉检测图像中的特征提取候选区，进行视觉特征提取（常用的有Harr特征、LBP特征以及HOG特征等）。

（3）分类器分类：利用分类器对目标或背景进行判定。

传统目标视觉检测算法在一些特定的应用领域已有较好的表现，但仍存在以下3个问题：第一，传统目标视觉检测算法需要人为手动提取图像特征，针对特定领域需不断尝试不同提取方法才能获得较好的特征；第二，因为提取的特征是针对某一特定场景，有很强的针对性，在某一场景下提取的特征生成的模型，无法应用于其他场景；第三，有些检测算法还需要用到比较复杂的其他算法，如边缘检测等处理过程过于复杂，导致实际生成的模型检测效率低，无法应用于实际生产。

神经网络具备从大量数据中进行自动特征提取和拟合的能力。近年来基于神经网络的深度学习涌现出很多算法，其中基于深度学习的目标识别算法目前可分为3类：单阶段（One-Stage）目标识别、双阶段（Two-Stage）目标识别和基于Transformer的目标识别。

单阶段（One-Stage）目标识别：直接在神经网络中提取特征来预测目标分类和位置。以SSD、YOLO为代表。优点是速度快；缺点是精度相对较低，小个体目标识别效果欠佳。

双阶段（Two-Stage）目标识别：首先用传统算法识别生成样本候选区域，再通过卷积神经网络进行样本分类。以R-CNN系列为代表，如Faster-RCNN和Mask-RCNN等。优点是精度相对较高；缺点是速度相对较慢。

基于Transformer的目标识别：引入注意力机制。以Relation Net、DETR为代表。Relation Net利用Transformer对不同目标之间的关系建模，在特征之中加入了目标间的关系信息，达到了增强特征的目的。DETR基于Transformer提出了目标检测的全新架构。

2.2.2　基于云科研平台的羊目标识别全流程实践应用

云科研平台分别采用单阶段（One-Stage）目标识别、双阶段（Two-Stage）目标识别两种技术，从实验设计、数据采集及预处理、数据标注、数据集构建、模型训练到模型应用的羊目标识别应用全流程实践。其中单阶段（One-Stage）目标识别采用YOLOv3框架进行；双阶段（Two-Stage）目标识别采用mmDetection框架进行，分别完成目标检测及实例分割羊个体目标识别实践。

　　登录云科研平台（图2-2），进入首页，点击右上角"实验管理"进入"实验管理"页面（图2-3），在"实验管理"页面中点击"创建实验"按钮来创建一个新的实验，此处以创建一个"羊目标识别全流程实践"为例（图2-4），创建完成后可进入"实验环境"页面（图2-5）。

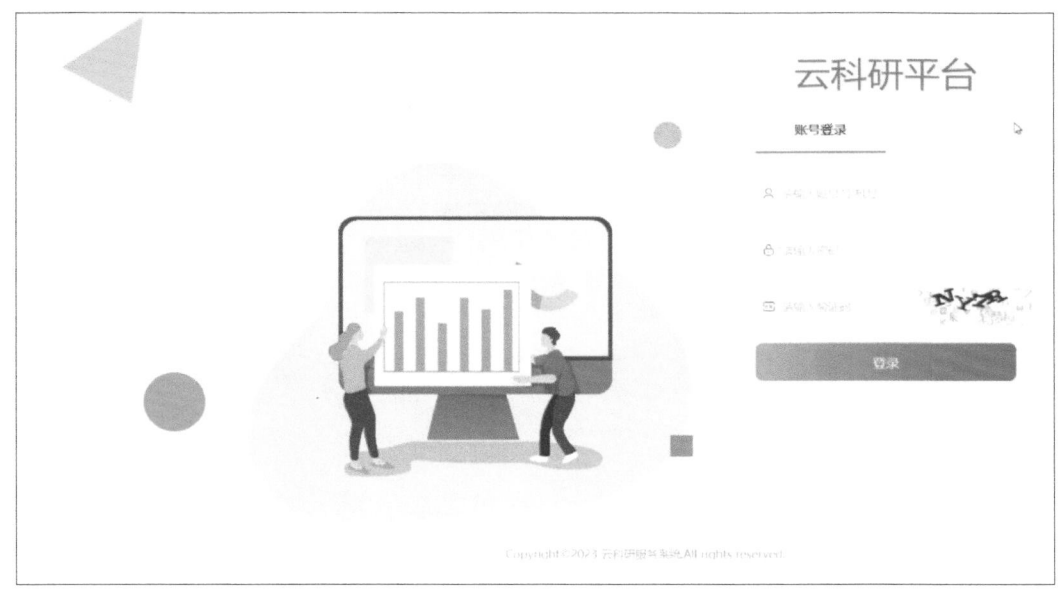

图2-2　登录云科研平台

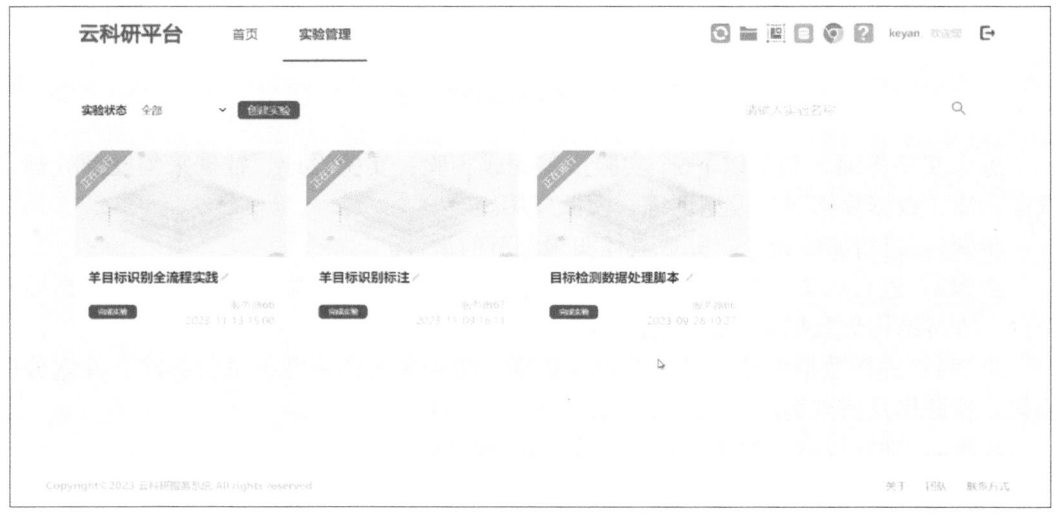

图2-3　"实验管理"页面

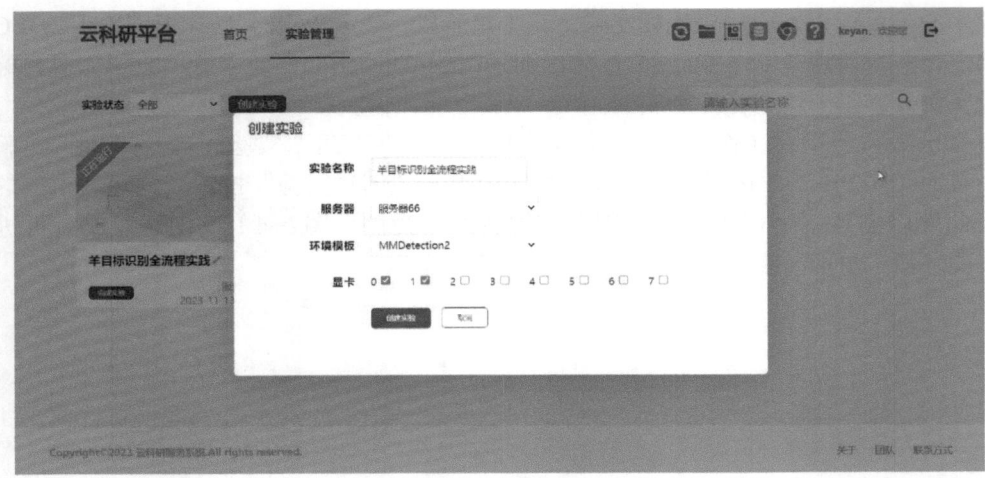

图2-4　创建实验

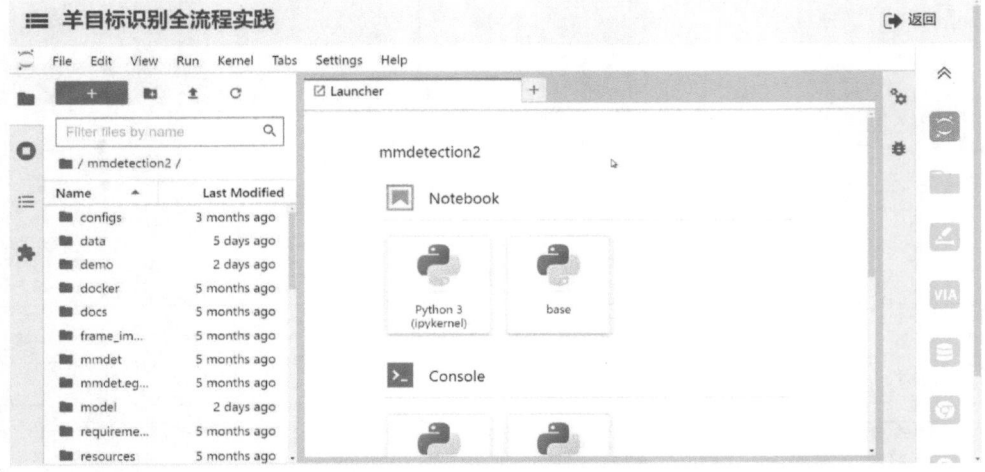

图2-5　"实验环境"页面

进入实验界面，基于以下6个实验步骤完成实验：实验设计、数据采集及预处理、数据标注、数据集构建、模型训练、模型应用。

步骤1：进行实验设计。完成具体实验细节的设计。

步骤2：进行数据采集及预处理。按实验设计进行数据采集，并将采集的数据导入平台，支持结构化数据和非结构化数据。

步骤3：进行数据标注。针对羊目标识别，将采集的图像数据进行标注，并划分训练集、验证集及测试集。

步骤4：进行数据集构建。对标注数据划分数据集。

步骤5：进行模型训练。按实验设计使用标注数据进行模型训练。

步骤6：进行模型应用。使用训练的模型对目标图像进行识别。

2.2.2.1　实验设计

实验具体内容的设计，包括确定实验目标、采集图像数量、采集图像角度、采集分辨率、各阶段数量、各场景数量、Box标注数量、Mask标注数量、负样本数量、训练集验证集及测试集比例、模型训练次数、模型使用场景及技术手段等。

2.2.2.2　数据采集及预处理

使用云科研平台配套的线下采集装备进行数据采集，将采集的图像、视频等上载到平台，按需进行文件过滤和视频分割、图片提取、图像筛选、图片分辨率转换等数据采集后的预处理操作（图2-6）。

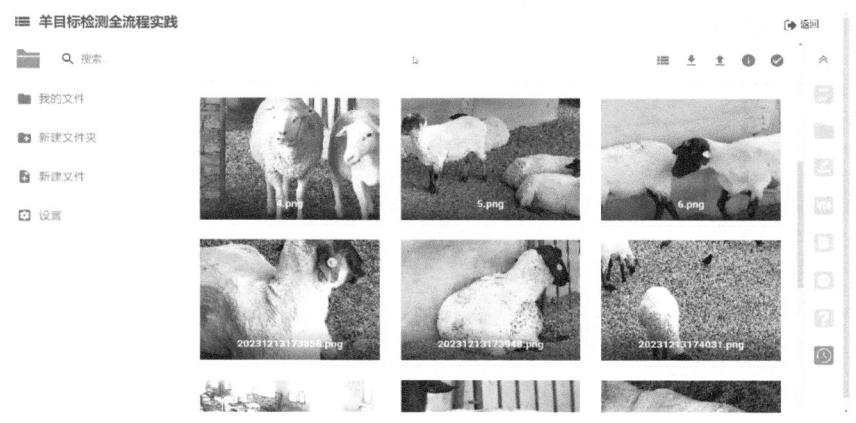

图2-6　图片数据预处理结果

2.2.2.3　数据标注

建立针对本次实验数据的标注任务，支持将任务自动分配至多个数据标注人员进行数据标注，完成数据标注后，能生成常见标准数据集格式的标注文件（图2-7）。

图2-7　羊目标识别数据集标注文件

2.2.2.4 数据集构建

根据实验设计，采用系统提供的数据集构建功能，对标注数据一键划分训练集、验证集及测试集；如需要非标准数据集，则需进行数据集转换。

2.2.2.5 模型训练

实现基于YOLOv3的羊目标识别模型训练、基于mmDetection的Faster-RCNN及Mask-RCNN的羊目标识别模型训练。

2.2.2.5.1 基于YOLOv3的羊目标识别模型训练

基于YOLOv3的羊目标识别模型训练过程如图2-8所示。

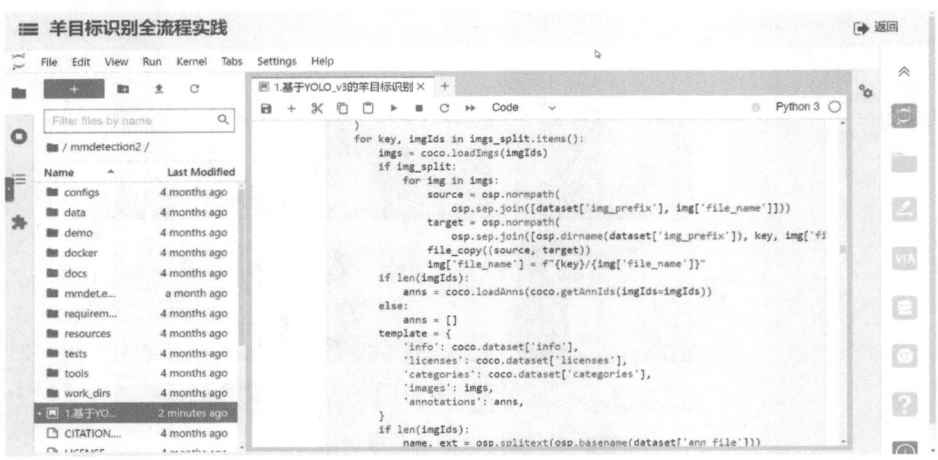

图2-8 基于YOLOv3的羊目标识别模型训练

2.2.2.5.2 基于mmDetection的Faster-RCNN羊目标识别模型训练

基于mmDetection的Faster-RCNN羊目标识别模型训练过程如图2-9所示。

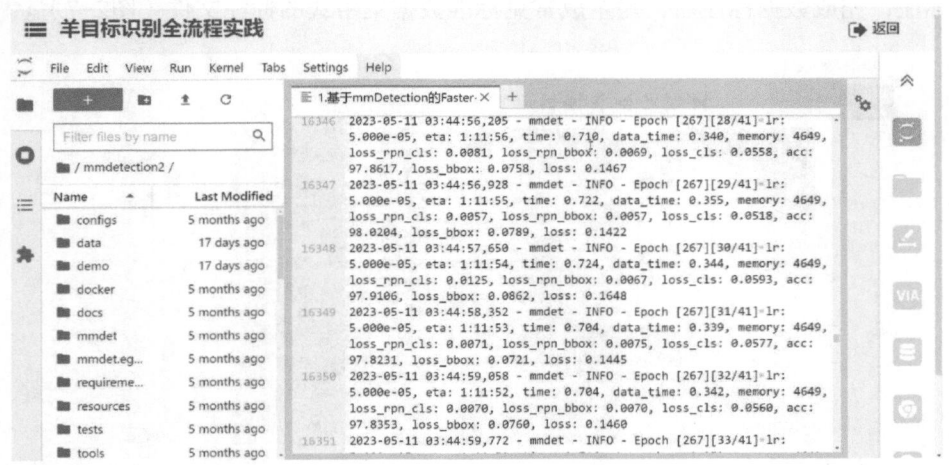

图2-9 基于mmDetection的Faster-RCNN羊目标识别模型训练

2.2.2.5.3　基于mmDetection的Mask-RCNN羊目标识别模型训练

基于mmDetection的Mask-RCNN羊目标识别模型训练过程如图2-10所示。

图2-10　基于mmDetection的Mask-RCNN羊目标识别模型训练

2.2.2.6　模型应用

可实现基于图像的目标检测、基于视频文件的目标检测和基于实时视频流的目标检测，配合第三方应用程序，能实现目标检测、盘点计数、生物安全防控检测等实际应用。

2.2.2.6.1　基于YOLOv3的羊目标检测

采用YOLOv3算法，实现羊的目标检测，效果如图2-11所示。

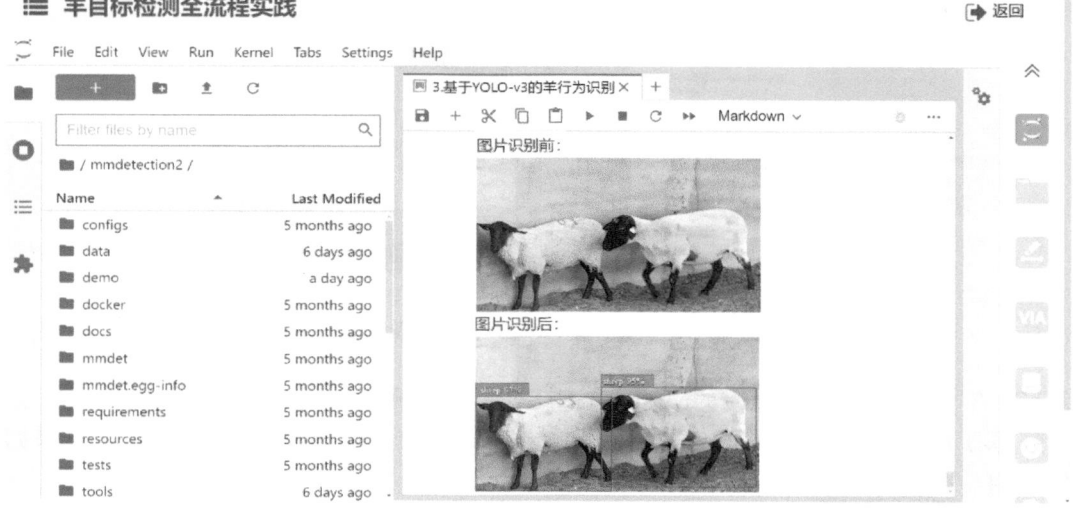

图2-11　羊的目标检测

2.2.2.6.2　基于mmDetection的Faster-RCNN羊目标检测

　　基于mmDetection框架，采用Faster-RCNN算法，实现羊的目标检测。效果如图2-12、图2-13所示。

图2-12　基于mmDetection的Faster-RCNN图片中的羊目标检测

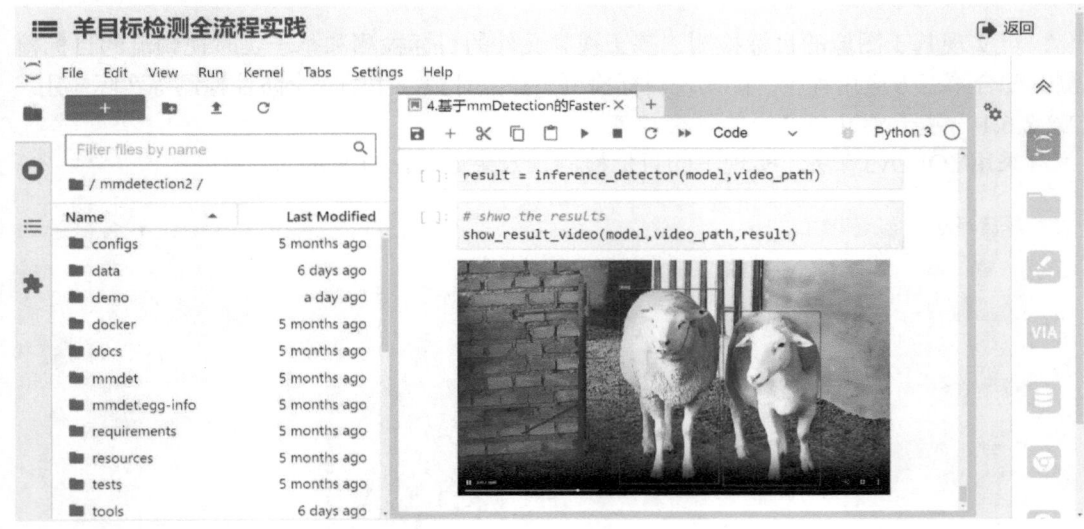

图2-13　基于mmDetection的Faster-RCNN视频中的羊目标检测

2.2.2.6.3　基于mmDetection的Mask-RCNN羊目标检测

　　基于mmDetection框架，采用Mask-RCNN算法，实现羊的目标检测。效果如图2-14、图2-15所示。

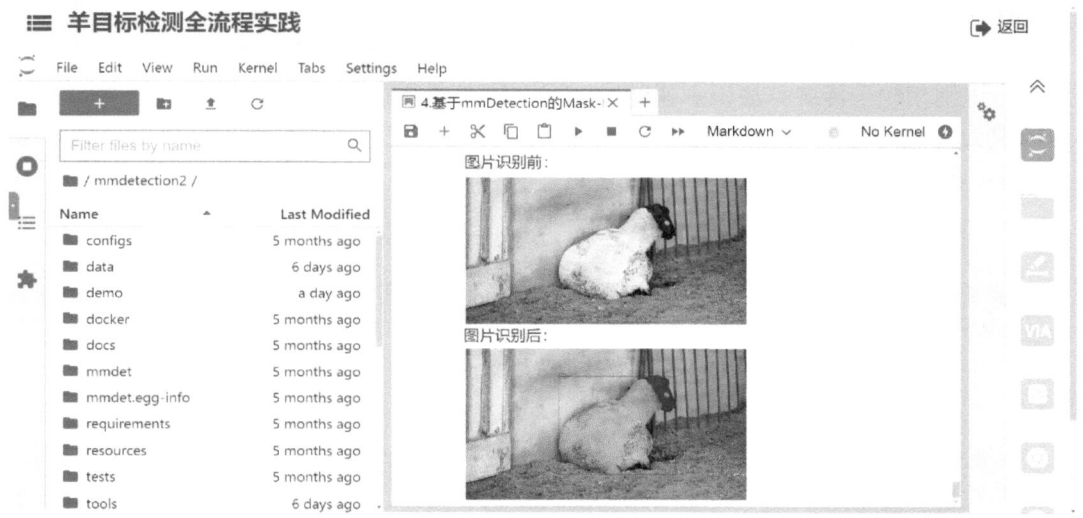

图2-14　基于mmDetection的Mask-RCNN图片中的羊目标检测

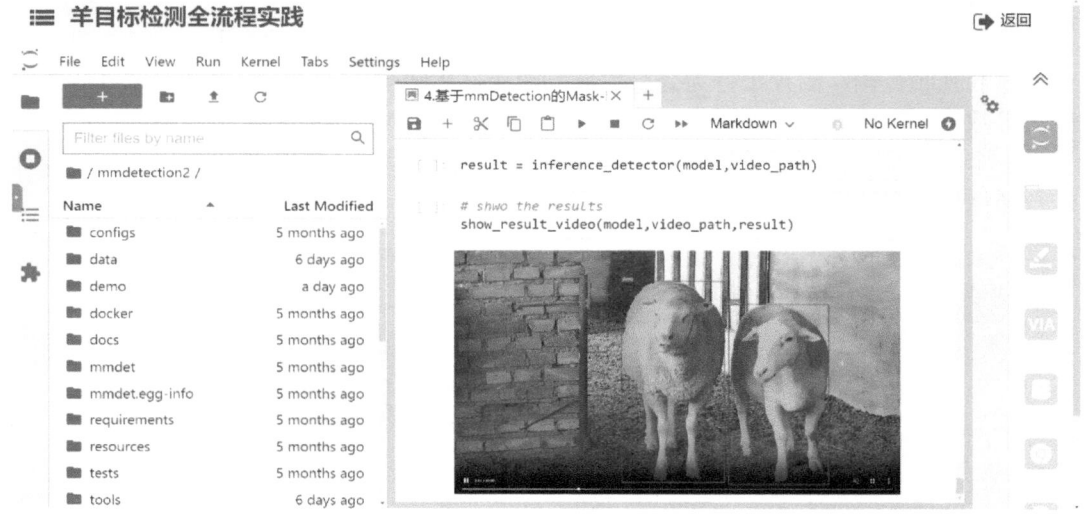

图2-15　基于mmDetection的Mask-RCNN视频中的羊目标检测

2.3　行为视觉识别

2.3.1　行为视觉检测介绍

针对视频的行为识别主要包括两个方面的问题，即视频中的行为定位和视频中的行为识别。行为定位就是找到有行为发生的视频片段，与图像目标检测中的目标定位任务对应。行为识别即对视频片段中检测出的行为进行分类识别，与图像目标检测中的目标分类任务对应。

目前行为识别的研究对象主要为人，其他领域的行为识别研究较少。基于深度学习的行为识别相较于传统算法识别速度快、识别精度高且能实现端到端训练的特点，目前逐渐成为主流的行为识别方法。行为识别根据算法原理的不同目前主要可以分为3D卷积网络、双流网络、混合网络等。

2.3.2 基于云科研平台的羊行为识别全流程实践应用

基于云科研平台，采用双流网络Slowfast技术，从实验设计、数据采集及预处理、数据标注、数据集构建、模型训练到模型应用，形成羊行为识别应用全流程实践。

2.3.2.1 实验设计

实验具体内容的设计包括实验目标、采集视频数量、采集视频角度、采集分辨率、各阶段数量、各场景数量、训练集验证集及测试集比例、模型训练次数、模型使用场景及技术手段等。

2.3.2.2 数据采集及预处理

使用配套线下采集装备进行数据采集，将采集的行为视频上载到平台，按需进行文件过滤和视频分割、图片按行为分组提取、图片格式转换、图片大小调整、图片分辨率转换等数据采集后的预处理操作（图2-16）。行为识别需要在已有二维的图像识别维度上加一个时间维度，所以原始素材均为视频素材，实际训练过程需要将视频按实验设计进行图像提取和视频分割。

图2-16 数据集预处理

2.3.2.3 数据标注

建立针对本次实验数据的标注任务，支持将任务自动分配至多个数据标注人员进行数据标注，完成数据标注后，支持生成常见标准数据集格式的标注文件。

2.3.2.4　数据集构建

根据实验设计采用系统提供的数据集构建功能，对标注数据一键划分训练集、验证集及测试集；将标准数据集转换为Slowfast训练所用的行为识别数据集格式。

2.3.2.5　模型训练

基于Slowfast的羊行为识别模型训练过程如图2-17所示。

图2-17　基于Slowfast的羊行为识别模型训练过程

2.3.2.6　模型应用

可实现基于视频的羊行为识别，配合应用程序，能实现行为识别、发情监测、疾病监测等实际应用。图2-18是羊行走行为的视觉识别模型的识别效果。

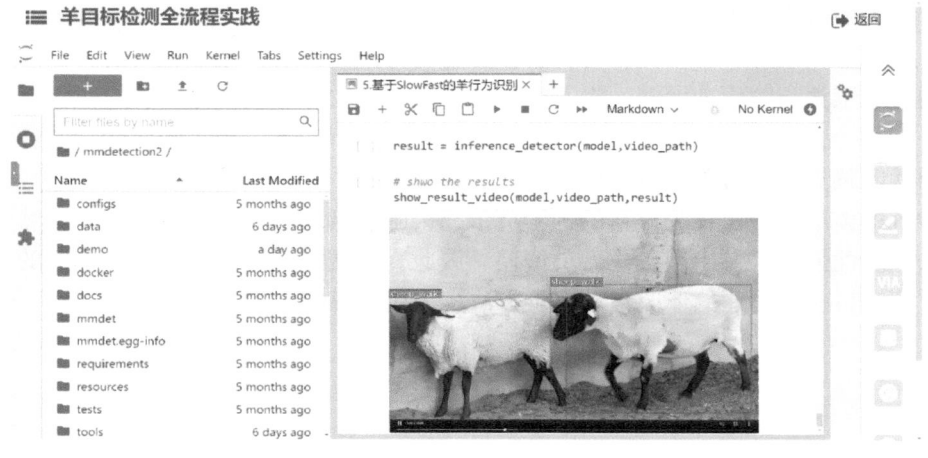

图2-18　羊行走行为的视觉识别模型的识别

第三章　智能化育种

　　肉羊性能测定主要包含体况、体尺、体重和肉用性状等，其中体况评分用来评价羊体营养状况或体脂肪沉积量，体尺与体重用来监测羊生长及发育状态，肉用性状用来评估羊只产肉性能和肉品质，均是种羊场选择优质种羊的参考指标之一。为减少人为测量体况、体尺和体重费事费力的问题，科技工作者研究了基于计算机视觉监测技术的体况评价、体尺体重估计与肉质性状测定的智能测定方案，并开发了羊育种管理及数据分析系统，提高性能测定精准度，加快育种进展。

3.1　体况评价

3.1.1　体况评价方法与标准

　　体况评分是通过目测和触摸羊腰部（最后肋骨后缘毛髋骨前缘）脊椎及其周围肌肉量和脂肪覆盖程度而进行的主观评分方法，一般采用5分制。棘突和横突是体况评分的主要依据。羊体况标准（图3-1）如下。

　　（1）1分：特别消瘦。羊只瘦弱，脊骨突出明显，用手触压肋骨、脊骨和腰椎周围时感觉没有脂肪覆盖，被皮特别薄，皮下覆盖薄薄的肌肉。

　　（2）2分：较瘦。相对较瘦，脊骨突出，用手触压肋骨、脊骨和腰椎周围时感觉少量脂肪覆盖，皮下的肌肉比体况评分为1分的厚。

　　（3）3分：正常。脊骨不突出，用手轻压肋骨、脊骨和腰椎周围就能感觉中等脂肪覆盖，皮下的肌肉中等厚，有弹性。

　　（4）4分：肥胖。看不到脊骨，脊椎区显得浑圆、平滑，用手轻压肋骨、脊骨和腰椎周围就能感觉脂肪覆盖增厚，皮下的肌肉丰满，用力压才能区分单独的肋骨。

　　（5）5分：过肥。肋骨、脊骨和腰椎的骨骼结构不明显，用手轻压肋骨、脊骨和腰椎周围就能感觉脂肪覆盖很厚，皮下肌肉非常厚。

　　传统的体况评分由经验丰富的饲养员依靠肉眼识别和触摸按压羊体获得。然而，人工方法主观性强，且易出现操作人员偏差。因此，迫切需要客观、准确和稳健的羊体况评定方法。目前，构建的体况自动评价方法多采用计算机视觉技术。

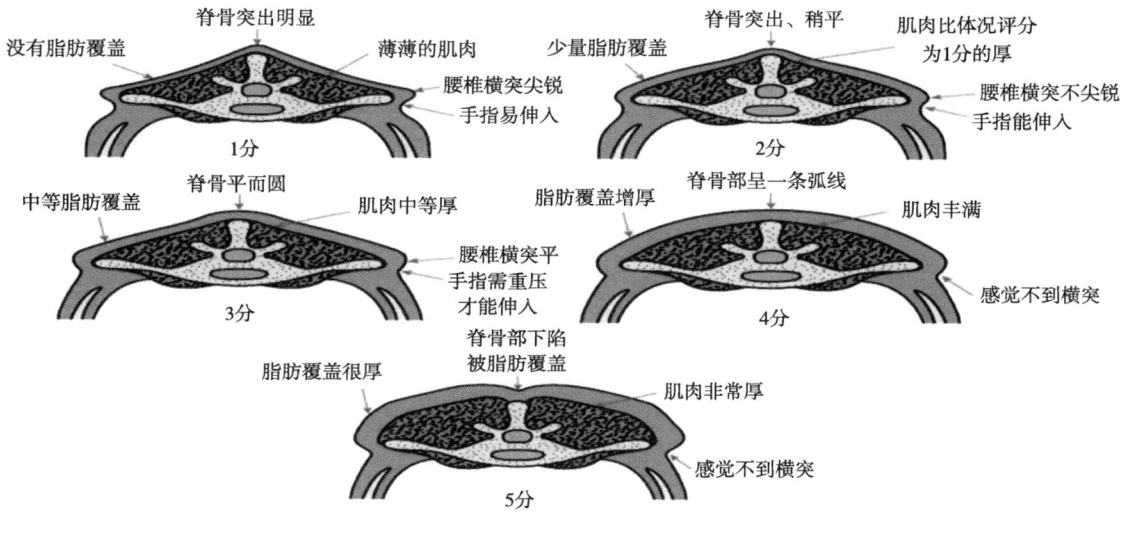

图3-1　羊体况标准

3.1.2　基于计算机视觉技术的体况评价

基于计算机视觉技术的体况评价主要使用后视图或顶视图来获取动物背部区域相应的体表信息，再通过机器学习等算法构建评估模型来实现体况评估。在自动化体况评分系统中，动物轮廓信息的精准分割最为关键。目前，针对羊的体况评分方法及其影响因素已有成熟的理论分析，实际应用仍处于人工评价阶段，其自动化检测方法刚刚起步，研究较少。Vieira等设计了基于标准模板匹配法的机器视觉识别评分系统，可通过选定主要测定区域，在羊只通过时捕捉图像，使用机器系统分析进行评分。但由于羊毛发较厚，依然需要人工调整轮廓信息精准分割关键点。另外，基于计算机视觉技术构建的羊体况评价方法由于图像采集时需固定角度和单一羊只，在实际应用时仍存在一定问题，如图像采集设备如何安装、在实际饲养环境下如何控制羊只，因此迫切需要更灵活的图像采集设备或系统以适应实际饲养环境。

3.2　体尺估测

体尺数据能够反映羊的体格大小、体躯结构、生长发育状况以及各部位之间相对发育关系，不仅为畜牧专家选种育种提供参考依据，还是养殖场对动物个体或群体进行生产性能评估的重要指标。因此，精准估测羊的体尺参数是决定羊场合理养殖和提高养殖效益的有效途径。

3.2.1　体尺测定方法和标准

羊的体尺参数包括体长、体高、臀高、臀宽、胸宽和胸深，其测量标准示意图（图3-2）和直线体尺测量标准（表3-1）如下。

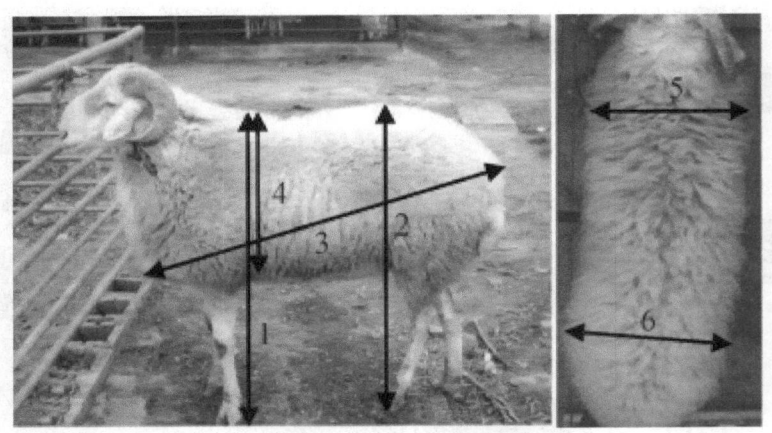

1.体高；2.臀高；3.体长；4.胸深；5.胸宽；6.臀宽

图3-2　羊体尺测量图示

表3-1　直线体尺测量标准

体尺测量项目	测量范围	测量意义
体长	肩端前缘到坐骨端后缘的直线距离	代表体躯长度
体高	耆甲到地面的垂直距离	反映羊整体骨骼结构
臀高	坐骨结节最后隆凸处到地面的垂直距离	反映羊后躯的高度
臀宽	臀部外缘最宽处的长度	臀部越宽，产羔越容易
胸宽	两侧肩胛骨后缘最宽点的直线距离	胸宽较大的羊心力强、肋骨开张大、代谢能力旺盛
胸深	耆甲到胸部底端的垂直距离	胸深越大，心肺功能越发达

　　长期以来，羊体尺参数通常是采用测杖、卷尺和皮尺等测量工具进行手工测量，测量结果存在操作人员偏差，费时费力，效率低下，且会引起羊只出现应激反应。在面向大型养殖场时，弊端更加突出。因此，需更客观、准确、快速的羊体尺测量方法。目前已有较多国内外研究学者利用计算机视觉技术等无损监测技术开展羊的体尺自动化测量。

3.2.2　羊体尺自动测量技术

　　羊体尺自动测量技术的一般流程分为数据采集与预处理、直线体尺测量2个部分。第一部分，数据采集与预处理是羊体尺自动测量的重要步骤，包括羊图像数据的采集、分析与处理，输出便于体尺测点定位的数据，为羊直线与围度体尺测量奠定基础。羊图像数据的采集方式主要分为手持便携式和定点通道式2种，采集过程通常是利用可见光相机、深度相机或三维扫描仪等设备，采集羊站立或行走状态下的图像数据。

数据预处理过程是将采集的羊图像数据通过计算机视觉、机器学习等技术，转换为便于体尺测点检测与体尺测量的数据形式。采集到的数据形式分为二维图像数据或三维点云数据，前者可较容易地获取二维图像中羊目标，后者一般数据量大、数据类型较为复杂。点云数据预处理主要包括目标检测与分割、三维点云精简与缺失数据补全、多视角点云配准及点云姿态归一化等操作。

目标检测与分割的效果优劣，对后续数据处理具有非常重要的影响。目标检测是将羊作为图像中感兴趣的目标，定位单只或多只羊目标在图像中的位置；羊目标分割是指从目标检测定位的感兴趣区域中提取羊轮廓线集合（如边缘检测）的过程（图3-3）。Zhang等基于简单线性迭代聚类（simple linear iterative clustering，SLIC）超像素和模糊C均值（fuzzy c-means，FCM）聚类方法，自动提取绵羊侧视图像中前景区域。通过对27只小尾寒羊测试验证，采用该前景提取方法分割得到的绵羊轮廓效果较好，具有较高的准确性和普适性。

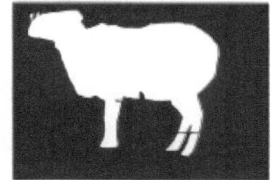

图3-3 羊目标分割示意图

在检测与分割目标点云（除羊体信息外，还有一些无效信息，如墙壁、地面、办公桌等）后，对点云进行精简操作可以有效去除冗余数据，保留含有关键特征的点云，从而提升数据处理效率。多视角点云配准是动物体表点云三维重建中的关键步骤。其中，体表三维重建是通过虚拟现实（virtual reality，VR）等技术，将现实世界中存在的动物以三维模型的方式再现。该技术的一般流程是采用深度传感器采集羊体表深度信息，经数据预处理提取羊目标后，利用点云配准算法、标定物配准等方法，将多目传感器获取的数据进行立体匹配，最终获得羊体表三维重建模型。归一化是三维模型检索过程的关键步骤，其目的就是使三维模型在坐标空间中具有统一的朝向，便于后续三维模型的检测与测量。羊三维模型的姿态归一化就是将分割后的羊模型通过旋转和平移等操作，归一化到一个拟定的全局坐标系下，并使羊模型具有统一的朝向，简化了体尺测量算法的复杂度。

第二部分，羊直线体尺测量技术基于数字图像处理和计算机视觉等方法，提取直线体尺测点并计算体尺测量值，是目前羊体尺自动测量领域的主要研究内容。羊直线体尺测量技术多是基于二维图像开展的（表3-2）。在基于三维图像的羊直线体尺测量研究方面，马学磊等使用三维摄像机采集羊体点云数据，利用点云预处理、点云分割算法从原始点云数据中提取羊体数据；手动选取羊体尺测点数据，依据测点三维坐标计算羊体尺参数，计算羊体长、体高、臀高、胸深，并与实测值比较，4种体尺参数的最大相对误差为2.36%，测量精度较高。

表3-2　基于二维图像的羊直线体尺测量技术

采集方式	采集设备	测量项目	技术方法	研究结果	文献
手持便携式	可见光相机	体长、体高	数字图像处理	人工与算法测量的相关系数为0.88	Khojastehkey等
定点通道式	可见光相机	体高、臀高、体长、胸深等	数字图像处理	平均相对误差均在4.73%以内	张丽娜等
定点通道式	可见光相机	体高、臀高、体长、胸深等	数字图像处理	平均相对误差均在4.45%以内	Zhang等
定点通道式	可见光相机	肩宽、臀高、体长、胸深等	计算机视觉	90%以上的羊体尺测量误差在3%以内	Zhang等

3.3　体重估测与自动分群

3.3.1　羊体重估测方法

羊的体重不仅可以反映生长发育情况，也是羊群分群管理的重要依据。体重与断奶、生长、发情、配种和泌乳能力密切相关。目前，体重估计方法多为直接法。直接法是指通过电子秤或机械秤来单独称重的方法。这种方法可以实现最准确的称重，但存在耗时且可能对羊造成伤害和应激的现象，无法便捷使用。因此，规模化养殖企业需要一种自动、准确、非侵入性的间接称重方法。间接称重法是通过图像采集设备（可见光相机、红外相机、激光探测及测距仪等）获取羊只体表数据，进一步基于构建的体表数据与体重关系，实现体重间接测量的方法。通常思路是，首先提取体长、体宽和面积等形态特征，然后基于图像分析和机器学习，构建特征和权重之间的模型以用于估计体重（图3-4）。

研究发现，羊的体尺参数（体长、体高、臀高、臀宽、胸深、胸宽）与体重呈正相关，且胸围和体长与体重的相关性最高。张丽娜等通过支持向量机方法构建体重与体尺参数的非线性模型，通过体尺预估体重，准确率高达95.38%。Menesatti等通过羊的体长、胸深、体高，运用对数变换的最小二乘回归算法实现羊的体重估测。目前，对羊体重估测的核心是通过计算机视觉技术完成的体尺参数测量，在体尺参数测量图像采集过程中若出现羊只姿态偏差，则会产生体尺参数测量失误，进而导致体重估测不准。因此，已研发基于精确的视觉系统采集不同姿态下羊的视觉图像，建立相应的数学模型来估计羊的体重值。

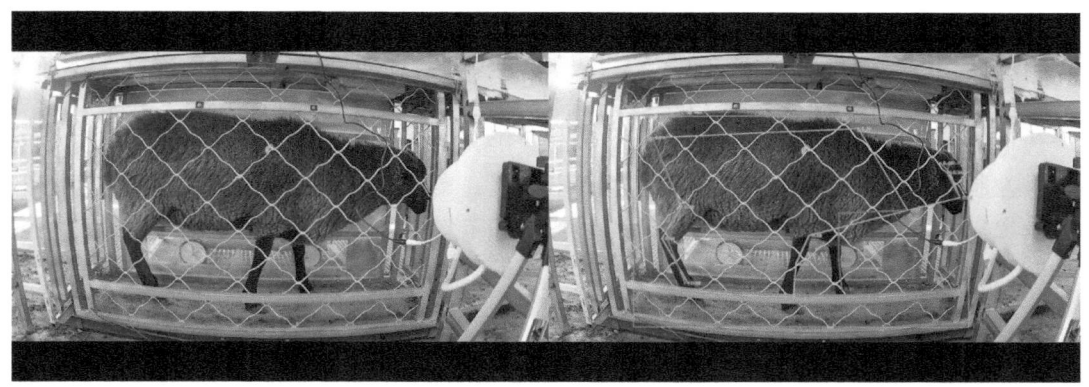

图3-4 体尺自动测定

3.3.2 自动分群

称重分群在舍饲集约化养殖中是重要的管理手段。定期、不定期称重分群，一方面可根据体重决定是否留种、育肥或销售；另一方面可掌握羊群生长发育情况，及时调整饲养管理手段，保证羊群内羊只均衡生长。但目前大多数羊场分群管理仍用人工完成，造成羊群应激，影响羊只生长发育和健康。因此，羊自动称重分群设备的应用尤为重要。

为实现精准饲养过程中羊只的自动称重和分栏管理，提高羊只福利化水平和羊场智能化程度，研究人员设计了自动称重分群系统（图3-5），运用了单片机、RFID（radio frequency identification）、传感器及串口通信等技术，能够对羊只进行身份信息读取和自动称重，并将称重数据上传控制单元，通过体重数据分析完成分群，解决了人工称重分群效率低、羊只应激反应大的问题。

图3-5 自动称重分群系统

自动称重分群系统包括羊个体通道测重栏和分群门。在羊个体通道测重栏上安装RFID电子识别设备、自动称重设备。每只羊通过时均能自动识别和自动称重，并将其数据信息经无线网络上传至系统平台控制中心。可在系统平台控制中心设定羊分栏的技术数据参数，当符合分栏技术数据参数的羊只进入羊个体通道测重栏时，控制单元发出信号控制分群门开闭将羊只导入相应的羊群围栏，实现羊自动分群。通过自动称重分群系统也可以快速找出需免疫、治疗等管理操作的羊只，方便后续操作。对羊定期或不定期的自动称重，能根据羊称重的数据，分析羊群的饲养效果和每只羊的生长发育状况，找出影响羊只体重原因。同时把机体状况相对一致的羊分栏组群，以便采取精准的生产管理措施。

自动称重分群系统平台控制中心可与羊智慧养殖管理系统的羊信息登记、繁育管理、生产管理、疾病防治等智能管理模块互联，形成完整的羊只档案信息数据库，为羊生产管理提供实时动态变化的羊群结构分析数据信息。

3.4 一体化智能测定

随着视觉AI技术以及热成像技术的成熟，目前已经出现智能一体化的羊性能测定装备，包括设备主体、个体识别模块、自动进出控制模块、称重模块、AI视觉测定模块、分群模块、中心控制单元、云平台交互单元等。可实现全流程、多参数、自动化、低应激的羊性能测定。

设备主体作为羊性能测定装备的"骨骼"，为测定提供方便移动及固定、可快速装配、易于清洁、抗腐蚀、灵活低噪的测定环境。其他模块可便捷集成在主体框架上，为测定过程的高效运行提供支撑。设备主体采用先进的设计及高质量的工程实施，保证了装备的稳定性和耐用性。

个体识别模块采用RFID技术，为测定过程提供了一种高效准确的羊只识别方法。RFID技术基于无线电频率识别原理，通过将微型芯片和天线集成在标签中，将标签与羊只个体进行绑定。每只羊只携带着一个独特的RFID标签，该标签中存储着关于羊只的唯一识别码和其他相关信息。当羊只进入测定装备的范围时，装备中的RFID读写器能够接收到标签发射的无线信号，并读取其存储的信息。通过对RFID标签的识别，装备能够准确地区分每只羊只，并将其与相应的性能数据进行关联。

自动进出控制模块通过光敏传感器与称重模块配合，实现进出测定装备的自动控制。这样的智能化控制方式提高了操作效率，减少了人工干预，使得羊只测定过程更加顺畅和高效。

称重模块是羊性能测定装备中的重要组成部分。通过称重传感器或称重装置，装备能够准确测量羊只的体重信息。这为养殖者提供了重要的数据指标，帮助他们了解羊只的健康状况和生长情况。

AI视觉测定模块是装备中的关键技术之一。利用计算机视觉和机器学习等技术，该模块能够对羊只的体尺、体型、体况等进行精准测定和评估。这为养殖者提供了更全面的羊只健康监测和潜在问题预警的能力。

　　分群模块根据羊只的品系、年龄及性能数据和特征，将它们分成不同的群组。这有助于养殖者进行精细化管理，例如针对不同群组提供定制化的饲养和治疗方案。通过分群，养殖者能够更好地满足羊只的需求，提高养殖效益。

　　中心控制单元是整个装备的核心控制中心，负责集成和管理各个模块之间的数据和通信。它通过监控和控制装备的运行，提供用户界面和数据分析功能，使得养殖者能够准确获取和分析羊性能测定的结果。

　　最后，云平台交互单元将羊性能测定装备与云平台连接起来，实现了数据的远程存储、管理和共享。养殖者可以通过云平台随时随地访问和分析羊只的性能数据，监控养殖过程，并作出相应的调整和决策。

　　羊一体化智能测定装备的出现，将为羊个体性能测定带来革命性的变化，它实现了全流程一体化的羊性能测定，能够同时获取多个常规必须通过人工测定的羊参数数据，实现自动化操作，减轻养殖者的负担，同时降低了羊只在测定过程中的应激反应。这项技术的发展，将进一步提高养殖效率，改善养殖环境，推动养殖业向着智能化、可持续发展的方向迈进。羊一体化智能测定装备如图3-6所示。

图3-6　羊一体化智能测定装备

3.5　肉用性状测定

　　肉用性状是肉用绵羊品种选育所关注的重要经济性状，与单产水平和经济效益密切相关。肉用性状包括胴体（背膘厚度、眼肌深度和眼肌面积）和肉品质（肉色、脂肪色泽、大理石花纹评分、失水率、储藏损失率、pH值、嫩度）两个方面。

3.5.1　肉用性状评价方法与标准

　　背膘厚度指羊的皮下脂肪厚度，眼肌面积是羊胴体中背最长肌横断面的面积，是评定胴体品质与产肉性能的重要指标。

背膘厚度（图3-7）：指第12对肋骨与第13对肋骨之间眼肌中部正上方脂肪的厚度，单位为mm。用游标卡尺测量，结果精确到小数点后1位。

背膘厚度评定分5级：1级（<5.0 mm）、2级（5.0～<10.0 mm）、3级（10.0～<15.0 mm）、4级（15.0～<20.0 mm）、5级（>20.0 mm）。

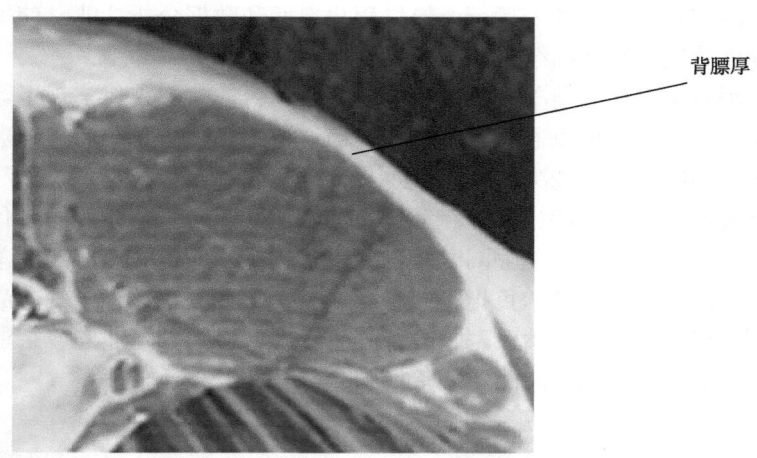

图3-7　背膘厚度示意

眼肌面积：指第12对肋骨与第13对肋骨之间横向切断眼肌横断面面积，单位为cm²。用硫酸纸贴在眼肌横断面上，用软质铅笔沿眼肌边缘描出轮廓（图3-8），用求积仪或坐标方格纸计算眼肌面积。

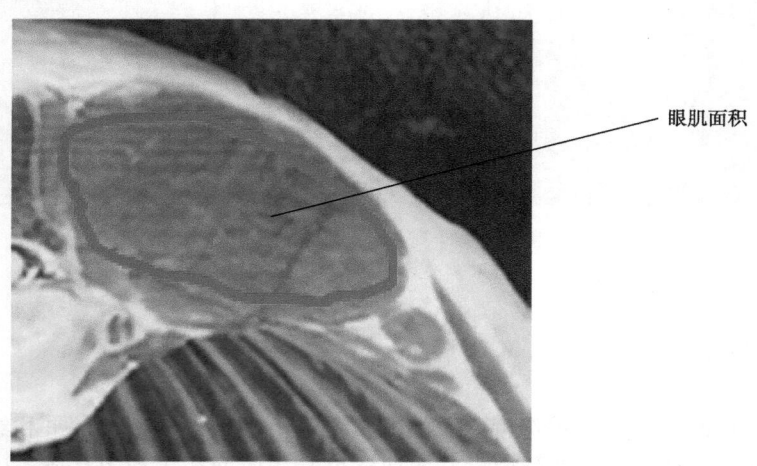

图3-8　眼肌面积示意

若无求积仪或坐标方格纸，可采用不锈钢直尺，准确测量眼肌的高度和宽度，并计算眼肌面积，单位为cm²。计算公式为：

$$Q = R \times S \times 0.7 \tag{3.1}$$

式中，Q为眼肌面积；R为眼肌的高度；S为眼肌的宽度。

肉色：宰后1~2 h进行，在最后一个胸椎处取背最长肌肉样，将肉样一式两份，平置于白色瓷盘中，将肉样和肉色比色板在自然光下进行对照完成目测评分。目测评分，采用5分制比色板评分。浅粉色评1分，微红色评2分，鲜红色评3分，微暗红色评4分，暗红色评5分，深暗红色评6分（图3-9）。两级间允许评定0.5分。凡评为3分或4分均属于正常颜色。

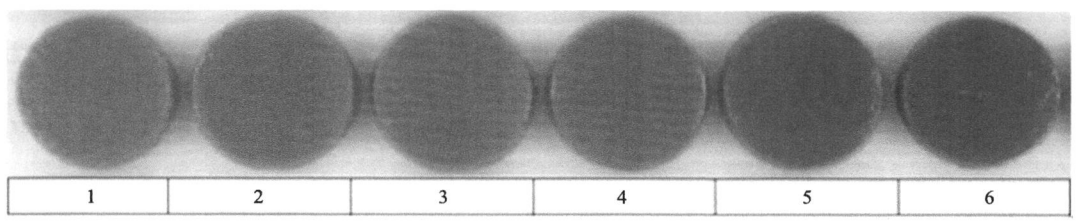

图3-9 肉色评价标准

脂肪色泽：宰后2 h内，取胸腰结合处背部脂肪断面，目测脂肪色，对照标准脂肪色图评分，洁白色评1分，白色评2分，暗白色评3分，黄白色评4分，浅黄色评5分，黄色评6分，暗黄色评7分（图3-10）。

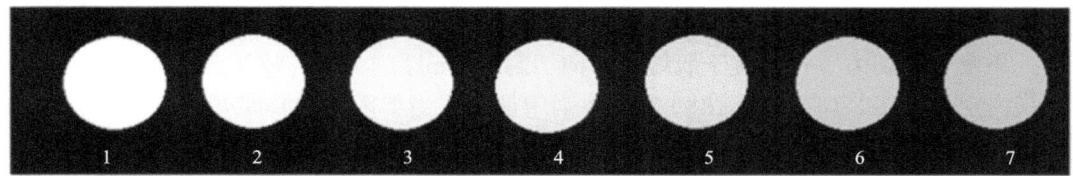

图3-10 脂肪色泽评价标准

大理石花纹评分：宰后2 h内，取第12对、第13对胸肋眼肌横断面，于4 ℃冰箱中存放24 h进行评定。将羊肉一分为二，平置于白色瓷盘中，在自然光下进行目测评分，参照大理石花纹评价标准（图3-11）以12分制进行评定。

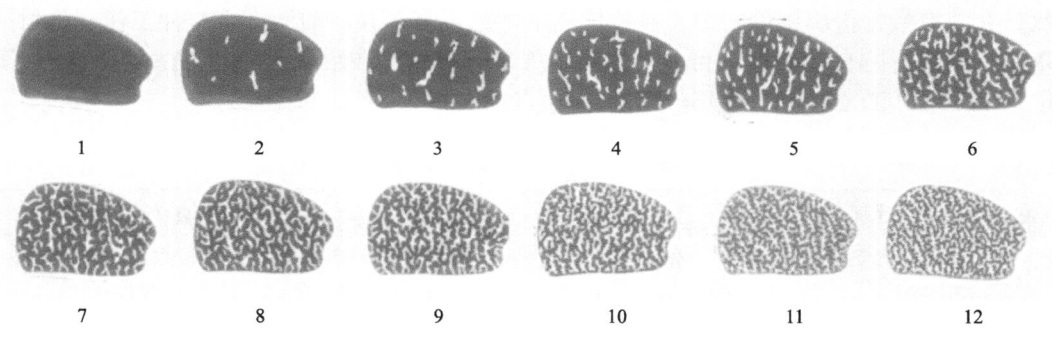

图3-11 大理石花纹评价标准

失水率：宰后2 h内进行，腰椎处取背最长肌7 cm肉样一段，分为厚度为1.5 cm的肉片，用直径为5 cm的圆形取样器均取肉片中心样品一块，立即使用千分天平称重，夹于上下各18层定性中速滤纸中央，上下再加一块2 cm厚塑料板，置于35 kg压力下保持5 min，撤除压力后立即称重。肉样前后重量的差异即为肉样失水重。计算公式为：

$$f = \frac{g-h}{g} \times 100\% \tag{3.2}$$

式中，f为失水率；g为压前重量；h为压后重量。

储藏损失率：宰后2 h内进行，腰椎处取背最长肌，将试样修整为长×宽×高为5 cm×3 cm×2 cm的肉样后称储存前重量。然后，用铁丝钩住肉样一端，使肌纤维垂直向下，装入塑料食品袋中，扎好袋口，肉样不与袋壁接触，在4 ℃冰箱中吊挂24 h后称储藏后重量。计算公式为：

$$i = \frac{j-k}{j} \times 100\% \tag{3.3}$$

式中，i为储藏损失率；j为储前重量；k为储后重量。

pH值：取背最长肌，第一次pH值测定于宰后45 min进行，第二次于24 h后测定冷藏于4 ℃冰箱中的肉样。在被测样品上切"十"字口，插入探头，待读数稳定后记录pH值，要求用精度为0.05的酸度计测定。鲜肉pH值为5.9～6.5，次鲜肉pH值为6.6～6.7，腐败肉pH值在6.7以上。

嫩度（剪切力）：垂直于肌纤维方向切割2.5 cm厚的肉块，放于蒸煮袋中，尽量排出袋内空气，将袋口扎紧，在80 ℃水溶锅中加热，当羊肉的中心温度达到70 ℃时，取出冷却，然后用圆孔取样器顺肌纤维方向取样，在嫩度计上测定其剪切力值，一般重复5～10次，取平均值。

3.5.2 肉用性状的自动测量技术

传统上测定绵羊背膘厚度和眼肌面积的方法为屠宰胴体测定，是通过测定同胞或半同胞的胴体来评估畜群的生产性能水平。此种方法比较烦琐、耗时，效率低下，除了不可避免的损失外，在评价过程中还存在较大的主观误差。如果将羊屠宰之后测定上述性状，在获取数据得出结论之前，有些优良个体已不复存在，前期许多育种工作都将付诸东流，严重影响育种进程。目前活体测定绵羊背膘厚度和眼肌面积的方法主要有B超测定、CT检测和DXA检测，测定方法的优缺点见表3-3。

表3-3 胴体测定方法的比较

测定方法	区别	优点	缺点
屠宰法	屠宰	准确度高、误差小	耗时长、成本较高、操作较复杂
B超测定	活体	实时图像、精确、耗时短而且便于携带	操作过程与图像识别要求高
CT检测	活体	更精确	成本高
DXA检测	活体	快速、准确、加速胴体分割链条度	成本高

B超对肌肉、脂肪等软组织具备较高的分辨率，将B超仪探头置于检查和测量部位实时获取动态图像，能够快速进行背膘厚度和眼肌面积测量。B超测定绵羊肉用性状的扫描部位被称为C部位，它位于第12/13根肋骨（长/短肋骨）处，测量脂肪厚度和眼肌深度（图3-12）。通过将探头放置在第12/13根肋骨的C部位（距背中约45 mm）来捕获超声图像。扫描标准：平均体重45~60 kg，测量个体体重必须大于30 kg，在C部位至少测量2~3 mm的脂肪。魏彩虹等选取小尾寒羊、无角陶塞特羊、特克塞尔羊3个常用肉羊生产品种，分别用B超测定与屠宰法测定其背膘厚度、眼肌面积，结果表明B超测定的活体肉用性状与屠宰后测定的肉用性状及与胴体重都存在显著正相关性，并建立了眼肌面积与屠宰重预测模型。CT检测和DXA检测由于成本过高，不适用于生产实践中。

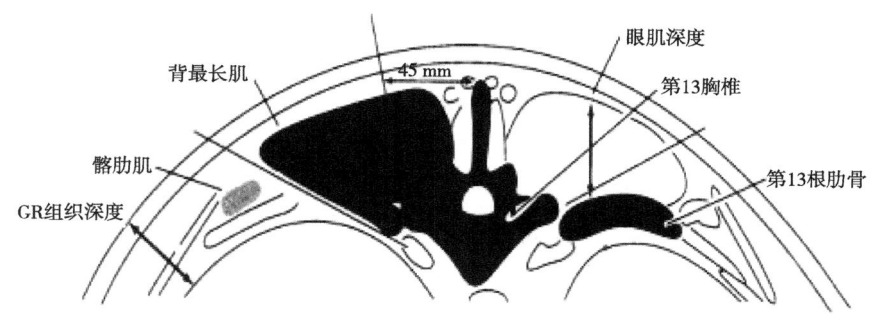

图3-12 C部位具体测量的位置

随着计算机及机器视觉技术的快速发展，该技术已逐渐渗透至动物背膘厚度的测量中。陈永泽设计了一套基于图像处理识别与检测的背膘厚度的智能化系统平台，其针对有复杂背景的图像，设计了一系列的图像处理任务，其中采用了双边滤波去噪、二值化处理、形态学的变换、分割复杂背景而改进的模糊C均值聚类算法以及基于改进的Canny边缘检测算法增强其轮廓信息；为了减小复杂的背膘图像横向所产生的误差，设计了基于多灭点的图像矫正算法；通过对目标图像曲折的轮廓信息进行了直线拟合设计，解决了图像轮廓纵向所带来的不平滑问题。试验结果证明，该方法在背膘允许的误差为上下1 mm之内，可以认为其检测无误，准确率高达95%，符合业内生产要求。其中对单品进行检测平均约需0.5 s，符合智能化生产的实时性要求。

近年来，近红外光谱技术被应用于羊肉品质检测，该技术操作简便，检测速度快、效率高，定性定量一次完成，实现羊肉品质无损、快速测定。近红外光谱是波长在可见光和中红外光之间的电磁波束，其光谱范围在780~2 526 nm，波数范围为4 000~12 820 cm^{-1}，这一区域内，一般有机物的近红外光谱吸收主要是含氢基团X—H（主要有O—H、C—H、N—H和S—H等）的伸缩、振动、弯曲等引起的倍频和合频吸收谱带的吸收。朗伯-比尔吸收定律指出，样品的光谱吸收特性跟样品的组成结构有关系。通过红外光谱几乎可以测出所有有机物的主要结构和组成成分，但由于近红外光谱的谱带复杂、重叠严重，无法使用一般的定性、定量方法，所以必须借助化学计量方法

（如多元回归分析、主成分分析和偏最小二乘法）建立合理的定标分析模型，通过对待测样品的光谱进行模拟分析完成对样品的定性和分析。近红外光谱技术可以检测肉类的pH值、色差（L*、a*、b*值）、嫩度、持水能力、剪切力、粗蛋白质、肌内脂肪、湿/干物质、灰分、总能量、肌红蛋白和胶原蛋白等。刘晓琳等采集了100批新冷鲜羊肉，利用近红外光谱分析技术，采用偏最小二乘法，对羊肉中蛋白质、脂肪及水分的含量进行了定性的分析，建立了羊肉定量回归模型，羊肉所建立的模型校验值都在0.9以上，达到了预期的效果。

3.6　羊育种管理及数据分析系统

羊育种管理及数据分析系统是一种专门针对羊的育种管理而设计的软件系统。它结合了管理和数据分析功能，可以帮助农场管理人员更好地管理羊只和饲养场，并通过数据分析提供决策依据、提高育种质量以及优化饲养管理流程。羊育种管理及数据分析系统包括表型数据库、遗传评估及育种方案3部分内容（图3-13）。

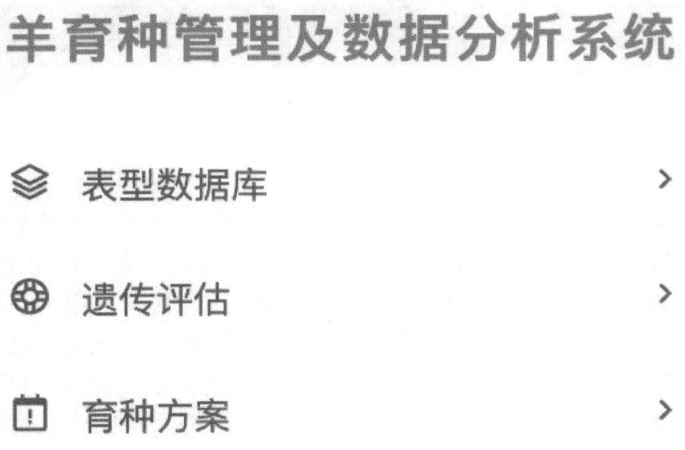

羊育种管理及数据分析系统

◈ 表型数据库　　　　　　　　　　　　〉

◉ 遗传评估　　　　　　　　　　　　　〉

▣ 育种方案　　　　　　　　　　　　　〉

图3-13　羊育种管理及数据分析系统

3.6.1　表型数据库

羊表型数据库是一个用于记录和管理羊的表型信息的数据库。表型指的是羊的可观察特征和性状，如体重、体型、毛色、产毛量等。羊表型数据库包括性状管理、我的表型库和共享表型库3个部分（图3-14）。

📚　**表型数据库**　　　　　　　　⌄

性状管理

我的表型库

共享表型库

图3-14　羊表型数据库

3.6.1.1　性状管理

性状管理系统录入了性状名称，点击"性状管理"，输入"性状名"，可查询系统内性状相关信息，包括"编号""性状名""性状说明""性状类型""操作"。点击"添加"在系统内新增性状（图3-15），点击"编辑"更改性状相关信息。

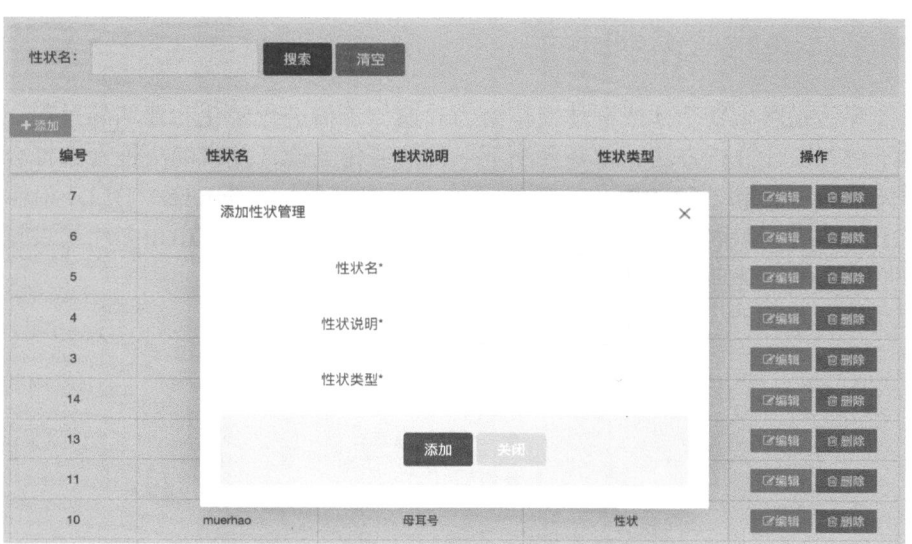

图3-15　性状管理

3.6.1.2　我的表型库

我的表型库包括性状库和系谱库2个部分。点击"性状库"或"系谱库"，可查询"编号""名称""性状名""类型""来源""创建时间""是否共享""操作"等信息（图3-16）。

图3-16　我的表型库

3.6.1.3　共享表型库

共享表型库包括性状库和系谱库2个部分。点击"性状库"或"系谱库"，可查询"编号""名称""性状名""来源""类型""创建时间""操作"等信息（图3-17）。

编号	名称	性状名	来源	类型	创建时间	操作
2	勤农农场性状	SEX,erhao,muerhao,yue,bwt,trsurs	导入	按性状	2021-08-21 15:32:28	Q查看

图3-17　共享表型库

3.6.2　遗传评估

遗传评估是对生物个体或群体遗传潜力和遗传价值进行量化和评估的过程。它基于遗传学原理和统计分析方法，旨在预测下一代的遗传表现，并帮助决策者选择合适的个体或群体作为育种和繁殖的对象。遗传评估系统内容包括数据ETL、BLUP单性状模型育种、BLUP单性状重复力模型育种、BLUP多性状模型育种、BLUP多性状重复力模型育种和预定义模型管理（图3-18）。

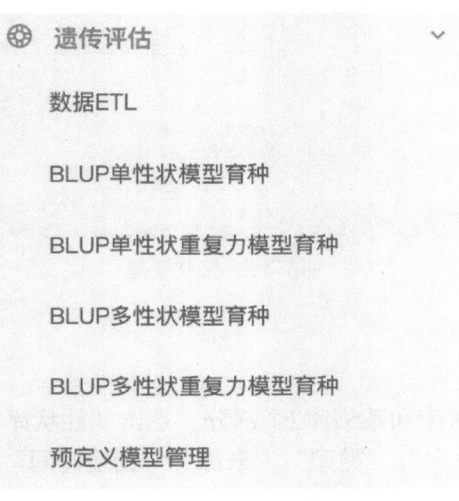

图3-18　遗传评估

3.6.2.1 数据ETL

数据ETL是数据仓库建设中的一环。ETL是指将数据从源系统中提取出来，经过转换之后装载到目标数据仓库中的过程，它直接决定了数据仓库的数据质量和数据正确性。点击"添加"，可增加数据表（图3-19）。

编号	名称	原表	创建时间	是否共享	操作
61	勤农农场系谱	yz_xipu	2021-08-21 15:57:26	取消共享	查看 删除
60	勤农农场性状	yz_xz	2021-08-21 15:57:06	取消共享	查看 删除
56	性状	yz_xz	2021-08-20 08:51:30	设为共享	查看 删除
55	系谱	yz_xipu	2021-08-20 08:51:18	设为共享	查看 删除

图3-19 数据ETL

3.6.2.2 BLUP单性状模型育种

BLUP（Best Linear Unbiased Prediction，最优线性无偏预测）是一种常用于单性状模型育种的遗传评估方法。它将个体的表现值和亲缘关系、近亲配偶选择等因素纳入考虑，基于线性模型和统计学方法，预测出个体的遗传值和遗传方差，从而指导育种决策（图3-20）。

图3-20 BLUP单性状模型育种

点击"查看结果"，可查询到育种预测结果信息，包括"效应类型代码""性状""性状-随机因素""类型""因素水平号码""观察值""水平重新编码""效应估计值""效应估计值的标准误差"（图3-21）。

图3-21　育种预测结果

点击"查看过程文件"，可查询到育种预测结果信息（图3-22）。

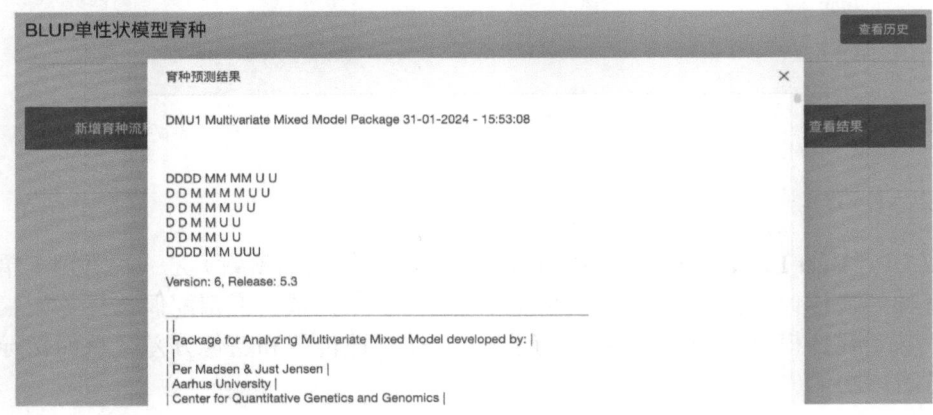

图3-22　育种预测结果

3.6.2.3　BLUP单性状重复力模型育种

　　BLUP单性状重复力模型育种是指利用BLUP方法估计个体间的遗传差异，并结合重复力模型来评估和选择个体，以达到改良某个性状的目的（图3-23）。这种方法能够有效地帮助育种者在选择合适的亲本和进行定向选择时做出更准确的决策。

图3-23　BLUP单性状重复力模型育种

点击"查看结果",可查询到育种预测结果信息,包括"效应类型代码""性状""性状-随机因素""类型""因素水平号码""观察值""水平重新编码""效应估计值""效应估计值的标准误差"(图3-24)。

图3-24 育种预测结果

点击"查看过程文件",可查询到育种预测结果信息(图3-25)。

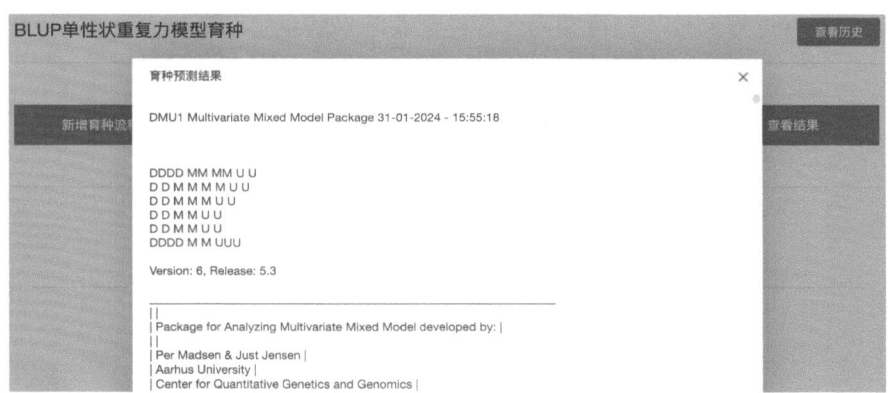

图3-25 育种预测结果

3.6.2.4 BLUP多性状模型育种

BLUP多性状模型育种是通过建立包括多个性状的线性模型来对物种进行联合评估和选择的一种育种方法,它能够更加准确地估计个体的遗传价值,并且有助于提高物种的育种效率和产量(图3-26)。

图3-26 BLUP多性状模型育种

点击"查看结果"，可查询到育种预测结果信息，包括"效应类型代码""性状""性状-随机因素""类型""因素水平号码""观察值""水平重新编码""效应估计值""效应估计值的标准误差"（图3-27）。

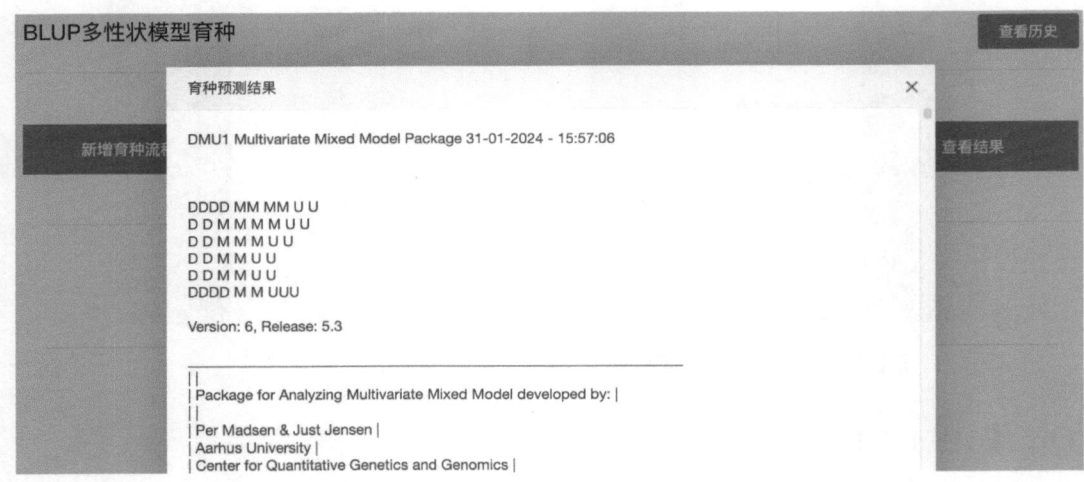

图3-27 育种预测结果

点击"查看过程文件"，可查询到育种预测结果信息（图3-28）。

图3-28 育种预测结果

3.6.2.5 BLUP多性状重复力模型育种

BLUP多性状重复力模型育种（图3-29）是一种综合利用BLUP方法、多性状评估和重复力模型的育种策略。在这种育种方法中，首先利用BLUP方法估计各个性状的遗传差异，得到个体的基因值或基因效应。然后，通过建立重复力模型来估计各个性状的重复力，即个体在相同或相似环境条件下，对于同一性状的连续表现的稳定性。

BLUP多性状重复力模型育种

查看历史

图3-29　BLUP多性状重复力模型育种

点击"查看结果"，可查询到育种预测结果信息，包括"效应类型代码""性状""性状-随机因素""类型""因素水平号码""观察值""水平重新编码""效应估计值""效应估计值的标准误差"（图3-30）。

BLUP多性状重复力模型育种

查看历史

育种预测结果

效应类型代码	性状	性状-随机因素	类型	因素水平号码	观察值	水平重新编码	效应估计值	效应估计值的标准误差
0	4	7	2	0	0	0	0.00000	0.00000
2	1	0	1	1	2	1	8.27727	1.51149
2	1	0	1	2	1	2	4.71075	2.00118

图3-30　育种预测结果

点击"查看过程文件"，可查询到育种预测结果信息（图3-31）。

BLUP多性状重复力模型育种

查看历史

育种预测结果

DMU1 Multivariate Mixed Model Package 31-01-2024 - 15:58:41

```
DDDD MM MM U U
D D M M M M U U
D D M M M M U U
D D M M M U U
D D M M U U
DDDD M M UUU
```

Version: 6, Release: 5.3

```
| |
| Package for Analyzing Multivariate Mixed Model developed by: |
| |
| Per Madsen & Just Jensen |
| Aarhus University |
| Center for Quantitative Genetics and Genomics |
```

图3-31　育种预测结果

3.6.2.6　预定义模型管理

预定义模型管理系统主要是进行育种模型的管理。点击"预定义模型管理"，可查询到"编号""名称""类型""备注""值1""值2""值3"等信息，并可进行"编辑""删除"操作（图3-32）。

+添加

编号	名称	类型	备注	值1	值2	值3	操作
4	多性状重复力模型	B	多性状重复力模型	2	0	0	编辑 删除
3	多性状模型	B	多性状模型	2	0	0	编辑 删除
2	单性状重复力模型	B	重复力模型	2	0	0	编辑 删除
1	模型文件	B	BLUP单性状模型育种	2	0	0	编辑 删除

图3-32　预定义模型管理

点击"编辑"，可添加"名称""类型""多性状"，可选择"分析方法"中的"模块代码""计算方法代码""标度变换代码""输出要求代码"（图3-33）。

名称*：多性状重复力模型

类型：BLUP多性状重复力模型育种

多性状

注释（最多十行，每行最多80个字符）：	多性状重复力模型
分析方法	
模块代码：	MDUAi模块
计算方法代码：	AI结合EM算法
标度变换代码：	不进行标度变换
输出要求代码：	标度输出

图3-33　育种模型预定义

3.6.3　育种方案

制订一个全面的育种方案是一个复杂的过程，需要综合考虑各种因素，如目标性状、遗传背景、环境适应性和市场需求等。多性状经济加权计算是一种将不同性状的重要性考虑在内的育种方法。这种方法通过对每个性状进行经济加权，以反映其对经济效益的贡献程度。通过多性状经济加权计算，育种者可以更加准确地考虑不同性状的重要性，以制订目标导向的育种策略。这种方法有助于优化选育工作，提高育种效率，使改良的品种更好地符合市场需求，并实现经济效益的最大化。在本系统中，点击"多性状经济加权计算"，可查询到"编号""计算名称""创建时间"等信息，并可进行"查看""删除"操作（图3-34）。

+添加

编号	计算名称	创建时间	操作
24	勤农农场经济加权	2021-08-21 15:59:01	Q查看 删除
25	单性状经济加权	2021-08-21 15:59:39	Q查看 删除

图3-34 多性状经济加权计算

点击"添加"，可输入"育种方案名称"，选择"遗传评估结果"，制订新的育种方案（图3-35）。

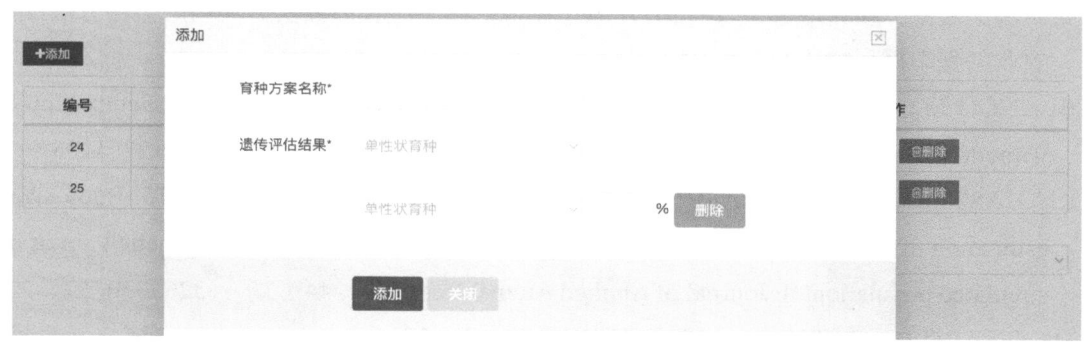

图3-35 添加育种方案

参考文献

陈永泽，2023. 基于图像处理的肉质智能质检平台的设计与实现[D]. 沈阳：中国科学院大学（中国科学院沈阳计算技术研究所）.

初梦苑，司永胜，李前，等，2022. 家畜体尺自动测量技术研究进展[J]. 农业工程学报，38（13）：228-240.

郭勇庆，刘洁，刘进军，等，2014. 体况评分在养羊生产中的应用[J]. 中国草食动物科学（S1）：388-390.

何鹏飞，2022. 基于B超活体测定技术比较哈萨克羊不同杂交组合6月龄羔羊三个肉用性状的研究[D]. 乌鲁木齐：新疆农业大学.

刘晓琳，张梨花，花锦，等，2018. 近红外技术快速检测冷鲜羊肉品质的研究[J]. 食品安全质量检测学报，9（11）：2734-2738.

罗土玉，豆姣，高彦玉，等，2021. 规模舍饲羊场中自动称重分栏设备的设计与试验[J]. 南方农机，52（09）：8-11，21.

马学磊，2023. 基于三维点云的羊体三维重构关键技术研究[D]. 呼和浩特：内蒙古农业大学.

魏彩虹，李宏滨，刘涛，等，2011. 应用超声波技术快速预测羊背膘厚度和眼肌面积的研究[J]. 中国畜牧兽医，38（1）：236-238.

吴习宇，赵国华，祝诗平，2014. 近红外光谱分析技术在肉类产品检测中的应用研究进展[J]. 食品工业科技，35（1）：371-374，380.

张丽娜，2017. 基于跨视角机器视觉的羊只体尺参数测量方法研究[D]. 呼和浩特：内蒙古农业大学.

张丽娜，武佩，乌云塔娜，等，2017. 基于图像的肉羊生长参数实时无接触监测方法[J]. 农业工程学报，33（24）：182-191.

BLANCO M，PEGUERO A，2010. Analysis of pharmaceuticals by NIR spectroscopy without a reference method[J]. Trends in Analytical Chemistry，29（10）：1127-1136.

KHOJASTEHKEY M，ASLAMINEJAD A A，SHARIATI M M，et al.，2016. Body size estimation of new born lambs using image processing and its effect on the genetic gain of a simulated population[J]. Journal of Applied Animal Research，44（1）：326-330.

MENESATTI P，COSTA C，ANTONUCCI F，et al.，2014. A low-cost stereovision system to estimate size and weight of live sheep [J]. Computers and Electronics in Agriculture，103：33-38.

VIEIRA A，BRANDAO S，MONTEIOR A，et al.，2015. Development and validation of a visual body condition scoring system for dairy goats with picture-based training[J]. Journal of Dairy Science，98（9）：6597-6608.

ZHANG L N，WU P，JIANG X H，et al.，2018. Development and validation of a visual image analysis for monitoring the body size of sheep[J]. Journal of Applied Animal Research，46（1）：1004-1015.

ZHANG L N，WU P，WUYUN T N，et al.，2018. Algorithm of sheep body dimension measurement and its applications based on image analysis[J]. Computers and Electronics in Agriculture，153：33-45.

第四章　智能化繁殖

　　繁殖是羊生产的重要环节之一，与饲养管理、遗传育种和疾病防治关系十分密切。羊繁殖的终极目标是最大程度地减少种公羊和种母羊的饲养量，增加生产羊群的饲养量，降本增效，提高生产效益。因此，充分利用智能繁殖技术，挖掘种公羊和种母羊的繁殖潜力，对提高规模化养殖场的经济效益意义重大。

4.1　繁殖技术

　　繁殖技术是羊生产中的关键技术环节，其主要内容包括同期发情、供体取卵、体外受精、胚胎移植以及妊娠与分娩管理等。同期发情技术是通过施用外源激素人为调控母羊的生殖生理周期，使其在预期时间段内集中发情，以便有计划地组织配种生产。同期发情的关键是利用外源激素人为控制母羊黄体期长短，主要机制分2种：一种是用外源孕激素延长黄体期，抑制卵泡生长发育，停药后促性腺激素释放引起发情；另一种是用外源前列腺素类药物缩短黄体期，促使黄体溶解，促进卵泡生长发育，实现母羊发情。供体取卵和体外受精是胚胎移植的前期程序。胚胎移植又称作受精卵移植，即将在哺乳动物的体内或者体外生产好的胚胎，经过质量检测，符合标准的，移植到同一物种的处于相同生理状态的雌性动物的子宫内，使得被移植的胚胎在相似的环境下能够继续生长发育，成长为新的个体。胚胎移植的基本过程包括：供体和受体的选择、供体超排处理及配种、受体同期发情处理、胚胎回收、检胚和移植。随着信息化技术的发展，计算机视觉等技术不断与繁殖技术融合，取得了一定成果。

4.2　发情管理技术

4.2.1　发情监测

　　在养殖生产中会不断淘汰繁殖性能差的羊只个体，然而只有少部分个体是由于繁殖系统疾病等问题淘汰，大部分是由于发情管理失败造成的错误淘汰。因此，进行高效的母羊发情监测对提高其繁殖性能、减少错误淘汰、降低养殖成本十分重要。

　　母羊发情同期的本质是由"下丘垂体—性腺"轴激素正负反馈调节控制的卵泡期和黄体期交替循环，在此期间，各生殖激素水平的变化也会引起母羊行为变化。主要包括：活动量增加、进食量及饮水量减少、反刍时间减少、叫声强度和频率增加、接受雄性爬跨或嗅闻阴部。除了上述的行为特征，站立时间与躺卧时间也发生一定程度的改变。因此，可通过监测相关的行为的出现或变化来识别发情状况。但是，耗时耗力且高人工成本的人工监管模式已经难以满足规模化羊场的需要，使用自动化监测技术有助于准确地识别发情行为，辅助饲养员及时调整养殖策略，实现低成本、高效率和高收益的生产养殖。

动物行为监测是指对其活动形式、发声、身体姿势以及外观上可辨认的变化的监测。自动化监测技术使用生物传感技术、电子个体标识技术、计算机视觉技术、音频分析技术等采集动物生物信息和行为数据（健康信息、生命体征信息、情绪信息、动作信息等），构建动物行为分类模型，实现对其行为特征解析、疾病诊断预警、生理生长过程调控。羊发情行为监测主要使用的设备包括智能项圈、声音采集设备以及视频采集设备等。Fogarty等利用GNSS定位项圈对比母羊发情期与非发情期运动速度变化，发现母羊发情期行走速度加速，在一定程度上实现了母羊发情监测。黄福任等对奶山羊发情、羔羊寻母、母羊饥饿和饲料刺激4种类型声音进行录制，利用隐马尔可夫模型（Hidden Markov model，HMM）、支持向量机（SVM）和Adaboost 3种声音模型对羊声音进行识别，结果显示3种声音模型识别羊的发情状态与试情结果吻合率为96.67%、84.17%和87.92%（图4-1）。Yu等通过从具有发情爬跨行为的视频（球网络摄像机）中捕获图像构建数据集，提出了一种基于YOLOv3的轻量级神经网络检测母羊的发情行为，检测精确率为99.44%，为大规模肉羊养殖中的母羊发情行为提供了一种准确、高效、轻量级检测方法。此外，Barros de Freitas等利用红外热成像技术验证了在母羊发情周期中识别体表温度模式的可行性，研究结果表明红外热成像技术可以有效地检测母羊发情周期不同阶段的微小温度变化，从而可以识别母羊周期的不同阶段。

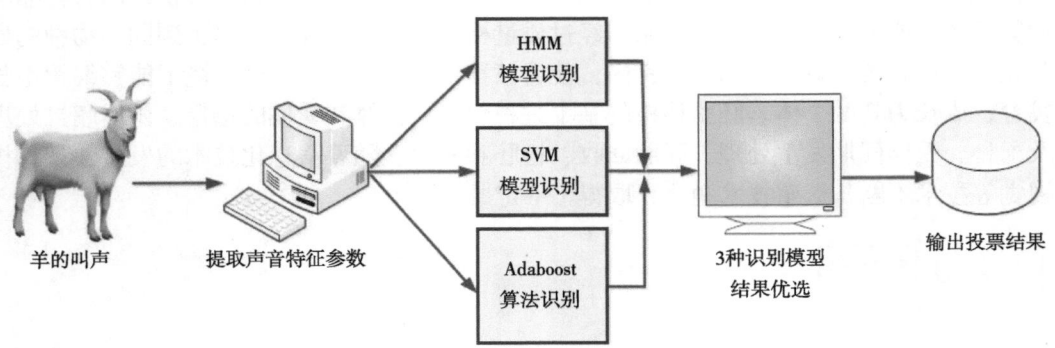

图4-1　3种识别模型优选示意图

利用视频采集设备采集羊只视频图像，开展基于计算机视觉技术的母羊发情监测是当前研究的重点，避免了接触式设备对羊造成的干扰。但当前基于计算机视觉的羊发情监测主要针对发情时的爬跨行为，而忽略了其他的行为特征。因此，为提高发情识别准确率，改善在各种复杂场景下发情识别的稳定性，一方面可考虑同时监测母羊的站立时间和躺卧时间作为辅助特征；另一方面可考虑结合计算机视觉技术和音频分析技术等多种技术手段。

4.2.2　发情管理

　　养殖人员控制母羊发情，公羊接触催情以达到同期发情的目的，进一步利用同期排卵与定时输精技术可实现养殖场批次生产的目的。在自然状态下，母羊的发情是随机的、零散的，需要养殖人员定期进行公羊试情及发情鉴定。完成试情和发情鉴定操作对养殖人员有一定要求，诊断失误会导致漏配，造成养殖成本增加，另外对于规模化养殖场而言，费时费力。使用同期排卵与定时输精技术后，无须发情鉴定，直接在预定时间进行人工授精，对养殖人员技术经验要求低，可提高母羊受胎率和繁殖性能，增加养殖经济效益。实施羊只的高效繁殖技术需依赖母羊发情的高效，准确记录和管理。

　　可利用羊智慧养殖管理系统中试情记录、发情催情功能进行。

4.2.2.1　试情记录

　　试情后，养殖人员对"编号""试情羊""试情时间""试情人"等相关信息上传记录，通过系统可直观了解每一只羊的试情情况，以最大程度地进行科学的管理。

　　选择"试情时间"，查询羊只试情记录（图4-2）。

编号	试情羊	试情时间	试情人	操作
78	100001	2021-08-16	张柱	删除
77	10010	2021-08-13	张柱	删除
76	10002,10003,10004,10005,10006,10007,10008,10009,10010,10011,10035,10500	2020-04-20	张柱	删除
75	10001,10002,10004,10005,10006,10008,10009,10011	2020-07-29	张柱	删除
74	10001,10003,10004,10006,10008,10009	2020-10-05	张柱	删除
73	10001,10002,10003,10004,10005,10006,10007,10008,10009,10010,10011,10012,10013,10014,10015,10033	2020-10-05	张柱	删除
72	10001	2020-11-27	张柱	删除
71	10001,10002,10003,10004,10005,10007,10008,10009,10010	2020-02-11	勤农畜牧管理员	删除
70	10004,10005,10007	2019-12-11	勤农畜牧管理员	删除
69	10002,10003,10004,10008	2020-01-14	勤农畜牧管理员	删除

图4-2　查询羊只试情记录

　　点击"添加试情记录"，输入"羊""试情日期"，添加羊只试情记录（图4-3）。

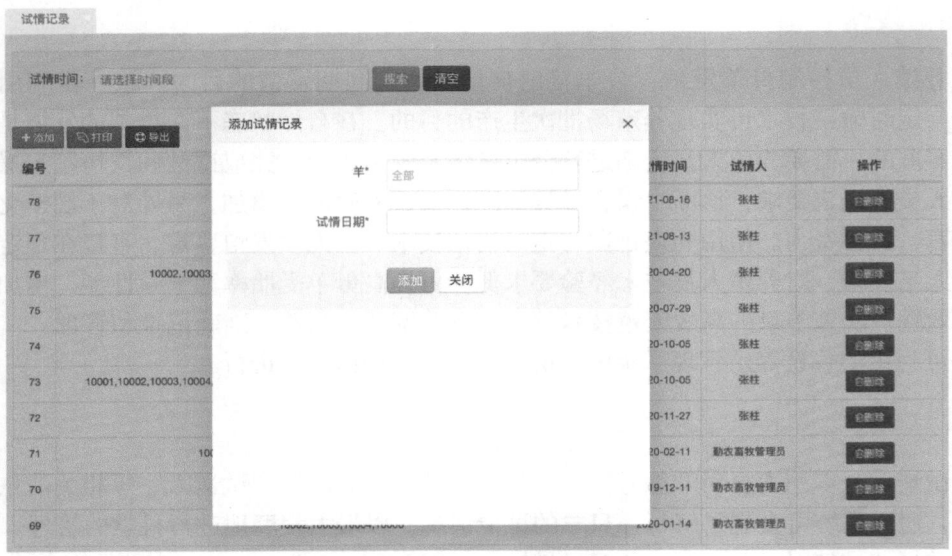

图4-3　添加羊只试情记录

4.2.2.2　发情催情

养殖人员控制母羊发情，公羊接触催情已达到同期发情的目的，进一步利用同期排卵与定时输精技术可实现养殖场批次化生产的目的。系统记录了每一只母羊发情、催情情况，将"编号""耳号""发情时间""发情类型""操作人""操作时间"等信息通过手持端上传，为后期进行配种工作打好基础。

选择"羊耳号""发情时间"，查询羊只发情催情信息（图4-4）。

编号	耳号	发情时间	发情类型	操作人	操作时间	操作
105	10001	2021-08-16	发情	张柱	2021-08-16 10:10:53	删除
104	10010	2021-08-13	发情	张柱	2021-08-13 16:03:40	删除
103	10001	2020-11-25	发情	张柱	2020-11-25 17:01:29	删除
102	10003	2020-08-04	发情	勤农畜牧管理员	2020-11-23 11:26:25	删除
101	10002	2020-11-21	催情	勤农畜牧管理员	2020-11-21 09:23:54	删除
100	10001	2020-11-21	发情	勤农畜牧管理员	2020-11-21 09:23:54	删除
99	10019	2020-02-11	发情	勤农畜牧管理员	2020-11-04 14:44:48	删除
96	10054	2020-02-11	发情	勤农畜牧管理员	2020-09-27 17:06:30	删除
95	10052	2020-02-11	发情	勤农畜牧管理员	2020-09-27 17:06:21	删除
94	10048	2020-02-11	催情	勤农畜牧管理员	2020-09-27 17:06:13	删除

图4-4　羊只发情催情信息

点击"添加"，选择"耳号"，输入"发情日期"，选择"发情类型"，添加羊只发情催情信息（图4-5）。

图4-5　添加羊只发情催情信息

4.3　胚胎移植技术

4.3.1　胚胎移植生产流程

羊胚胎移植是一项先进的繁殖技术，主要通过超数排卵、同期发情、胚胎回收、检胚和移胚等技术处理实现"借腹怀胎"的目标。胚胎移植生产流程的线上观摩学习平台：http://www.ilab-x.com/details/2020?id=6261&isView=true。

步骤1：供体取卵。首先进行发情处理（图4-6），新洁尔灭溶液消毒，放置阴道栓，放栓12 d后撤栓，每只母羊臀部注射孕马血清促性腺激素（PMSG）。

图4-6　发情处理

步骤2：体外受精。首先要用预热的洗卵液制作洗卵滴（图4-7），然后放入平衡好的受精液滴中，每滴50枚，将50 μL精子混悬液加入受精液混悬板中，培养20 h以上。

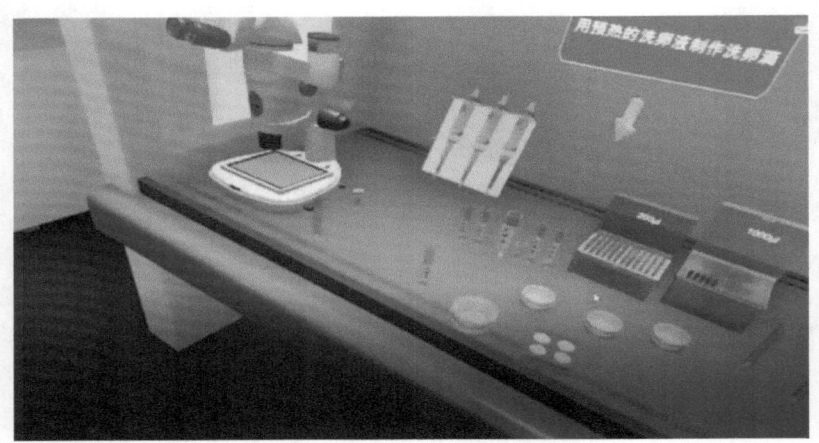

图4-7　用预热的洗卵液制作洗卵滴

步骤3：胚胎移植。进行胚胎移植前，需给羊手术部分剪毛，剪毛范围20 cm×20 cm；用新洁尔灭溶液消毒手术部位，在骨盆腔，膀胱周围触摸子宫角并轻轻将子宫角引出切口外；用移植器先吸一段0.5 cm长的保存液，再吸取一段0.2 cm长的空气，然后吸取胚胎；把具有黄体一侧的子宫角取出，把移植器从输卵管喇叭口插入输卵管内适当位置，将胚胎轻轻推入（图4-8）。

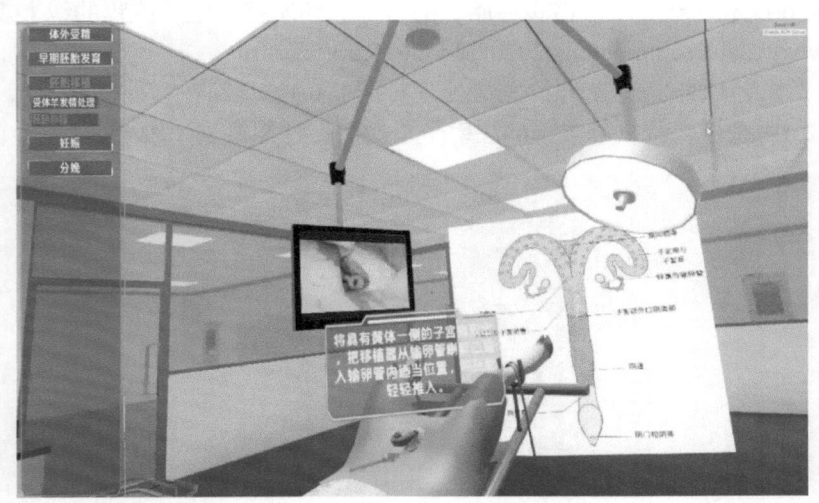

图4-8　胚胎移植

4.3.2　胚胎移植管理

利用羊智慧养殖管理系统中供受体羊管理、放栓管理和胚胎移植3个部分功能实现。

4.3.2.1 供受体羊管理

供受体羊管理系统全部录入了供受体养殖"编号""耳号""品种""出生日期""状态""入场方式""入场日期""入场分类""舍""栏""胚胎类型"等相关信息。包括季节、供受体发情同步差、受体营养状况、移植方法、受体卵巢上卵泡情况均对胚胎移植效果有明显影响，因此，需了解和监控供受体羊只日常情况。

选择"耳号""品种""入场分类""入场时间"，查询羊只供受体信息（图4-9）。

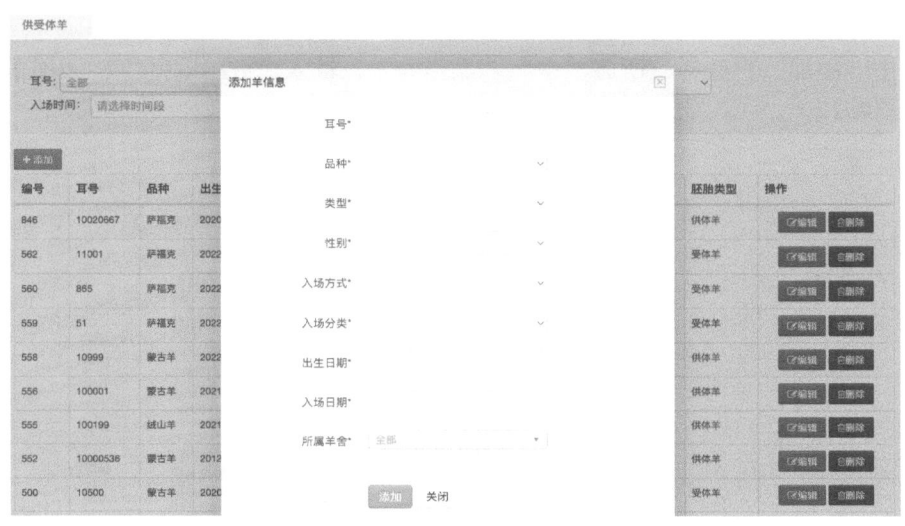

图4-9 羊只供受体信息

点击"添加"，输入"耳号""出生日期""入场日期"，选择"品种""类型""性别""入场方式""入场分类""所属羊舍"，添加羊只供受体信息（图4-10）。

图4-10 添加羊只供受体信息

4.3.2.2　放栓管理

　　放栓，用于同期发情处理的母羊：8月龄以上的后备母羊，断奶后未配种的母羊，分娩后40 d以上的哺乳母羊。将母羊用围栏集中到一起以方便抓羊，将母羊保定，用1∶9的新洁尔灭溶液喷洒外阴部，用消毒纸巾擦净后，再用一张新的纸巾将阴门裂内擦净。一人戴一次性PE手套，从包装中取出阴道栓，在导管前端涂上足量的润滑剂；分开阴门，将导管前端插入阴门至阴道深部，然后将推杆向前推，使棉栓留于阴道内。在放栓期间，那些已达到自然发情时间的母羊，先不发情；在放栓即将结束时，那些还没有达到自然发情时间的母羊提前发情，从而使一个母羊群在一定时间内集中发情。养殖人员完成每只母羊放栓操作后，通过手持端记录和上传母羊"编号""耳号""舍""栏""放栓时间""操作人"等信息。及时有效的获取放栓信息对于母羊实现集中发情有很大的辅助作用。

　　选择"舍""入场时间"，查询羊只放栓信息（图4-11）。

图4-11　羊只放栓信息

　　点击"添加"，选择"所属羊舍""操作人"，输入"放栓时间"，添加羊只放栓信息（图4-12）。

图4-12　添加羊只放栓信息

4.3.2.3　胚胎移植

胚胎移植技术即"借腹生子"，是指一供体母羊超数排卵发情，经配种后在一定时间内从其生殖道取出胚胎，或取出卵子由体外受精获得胚胎，然后把优质胚胎移植到另外一只与供体母羊同期发情或情期相同，但未经配种的受体母羊生殖道相应部位，外来胚胎在受体母羊子宫着床并继续发育成长，最后产下供体母羊的后代。在优质肉羊繁育过程中，胚胎移植技术作为一种快速繁育纯种羊的方法被公认和接受。进行胚胎移植操作后，养殖人员通过手持端记录和上传"编号""供体羊""受体羊""时间""操作人"等相关信息，以便根据胚胎移植情况进行养殖管理。在经过胚胎移植后，受体羊的身价会明显上升，应加强胚胎发育阶段受体羊管理，以提升胚胎移植效果。受体羊饲养管理要点包括以下方面：①环境管理，保证环境的温度、湿度、空气流通度以及洁净度，降低疾病对受体羊的影响；②营养管理，基于受体羊的生长需要进行营养的供应，保证其生长状态稳定和持续；③不良因素的管控，比如惊吓或者是其他的不良应激现象等。总的来讲，通过综合饲养管理实现受体羊的健康状态维系，这对于胚胎移植效果的提升来讲是有重要价值的。

输入"胚胎时间"，查询羊只胚胎移植信息（图4-13）。

图4-13　羊只胚胎移植信息

点击"添加"，选择"供体羊""受体羊""操作人"，输入"时间"，添加羊只胚胎移植信息（图4-14）。

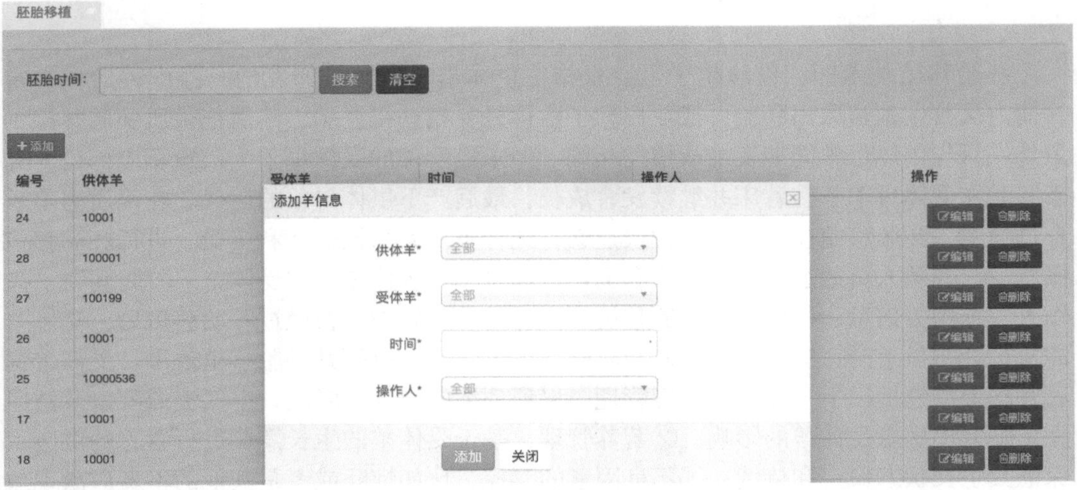

图4-14　添加羊只胚胎移植信息

4.4　分娩管理技术

4.4.1　分娩监测

　　分娩是指后代由母体产出的过程。近年来，随着舍饲养殖密度的增加，母羊的日常运动量及生长环境均得不到保障，导致母羊难产及产后疾病发病率上升。

　　研究发现，羊在临近分娩时一般表现为来回走动、站立趴卧行为频繁变换、经常回顾腹部、用力刨地等典型运动行为，并伴有采食量和饮水量降低。因此，对产前典型运动行为、采食行为及饮水行为进行监测，建立产前行为与健康状况之间的相关性，构建舍饲环境下羊产前疾病预警系统，有助于预测母羊的分娩时间以及产前的健康状态，提供适当的分娩辅助以降低难产的风险，提高后代成活率，具有重要的经济价值。传统人工监测方法虽然不需要相关设备支持，而且操作简单易于实现，但是该方法工作强度大，要求观察者具备一定的经验及行为学方面的知识，且主观性强，易导致监测结果不准确，增加人畜接触的概率，容易引发人畜共患病，不利于集约化养殖。随着自动化、智能化技术的不断进步，基于智能设备与计算机视觉技术的母羊分娩行为监测方法已取得一定的成果。

　　基于可穿戴智能设备的接触式母羊分娩行为监测，即将加速度传感器穿戴在羊身上，通过该传感器检测羊在X、Y、Z三轴的加速度来综合判断羊是否处于慢走、静止、小步、快走等运动状态，通过这些运动状态将其转化为标准的计步数据，用以预测分娩时间。Sohi等使用装配有三轴加速度传感器（ActiGraph wGT3X BT，ActiGraph，美国）的笼头收集怀孕母羊的运动数据，通过支持向量机算法确定母羊的行为（舔食、吃草、反刍、行走和闲逛），采用神经网络算法对分娩时间进行预测，结果显示怀孕母羊的行为可以在产羔前10 d预测分娩时间。刘艳秋通过对母羊产前的站立、行走、刨地、趴卧、饮水、采食6种行为进行识别，进而推断母羊产前的健康状态以及预测分娩时间。结果发现，通过运用K-means算法对羊的趴卧行为进行识别，识别准确率为99%；BP神经网络对站立、行走、刨地行为进行识别，平均准确率为78.93%。通过对母羊产前15 d和产后5 d的6种行为进行统计分析，得出母羊产前行走以及站立逐渐增多，刨地几乎没有，饮水采食逐渐减少；生产日行走明显增多，饮水采食减少，刨地频率较多；产后行走、站立基本平稳，刨地几乎没有，饮水采食呈现逐渐增多的特点。应烨伟提出一种基于区间阈值与遗传算法优化支持向量机（Genetic Algorithm-Support Vector Machine，GA-SVM）分类模型的母羊产前行为识别方法（图4-15）。该方法对基于颈环采集节点获得的加速度数据进行小波降噪和提取轮廓线预处理后，利用区间阈值分类法和GA-SVM方法实现母羊的行为识别，识别准确率为97.88%。此外，Ceyhan等以初产母羊、经产母羊作为研究对象，通过摄像机采集分娩过程，利用特征提取识别羊的行为，结果表明，初产母羊熟悉度较低，站立、行走次数较多，而经产母羊熟悉度较高，站立、行走次数较少。

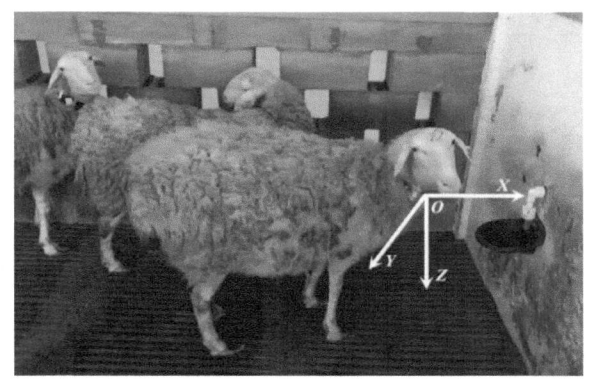

O为三轴加速度传感器所在位置；X为传感器的X轴正方向；
Y为传感器的Y轴正方向；Z为传感器的Z轴正方向。

图4-15　母羊产前行为监测

对羊分娩状况识别包括从分娩前几天到分娩前几小时，分娩过程羔羊娩出刚脱离母体的识别，对每个阶段的准确识别都可降低后代死亡率，更早阶段的识别可为饲养员提供更加充足的准备时间。此外，当前对分娩行为识别以基于接触式智能设备为主，基于计算机视觉的识别技术对羊分娩行为识别的研究相对较少，且识别准确率也有待提高。

4.4.2　分娩管理

做好母羊的分娩管理工作，对于维护母羊健康、提高羔羊的成活率、促进羔羊的健康生长具有重要的作用。妊娠期满的母羊将子宫内的胎儿及其附属物排出体外的过程，称为产羔。一般根据母羊的配种记录，按妊娠期推测出母羊的预产期，对临产母羊加强饲养管理，并注意仔细观察，同时做好产羔前的准备。分娩管理利用羊智慧养殖管理系统中分娩记录功能实现。养殖人员对分娩母羊“编号”“耳号”“分娩状态”“分娩时间”“产羔数量”“存活数量”“母羔数量”“弱羔数量”“操作人”等信息通过手持端实时更新上传记录，系统可实现母羊分娩实时跟踪。

选择“羊耳号”“分娩状态”“分娩时间”，查询羊只分娩记录（图4-16）。

编号	耳号	分娩状态	分娩时间	产羔数量	存活数量	母羔数量	弱羔数量	操作人	操作
17	100001	正在分娩	2021-08-16 10:11	4	3	2	1	张柱	编辑 结束分娩 删除
16	10010	正在分娩	2021-08-13 16:04	3	1	1	1	张柱	编辑 结束分娩 删除
15	10006	正在分娩	2020-11-27 10:39	5	5	3	2	张柱	编辑 结束分娩 删除
14	10001	正在分娩	2020-11-26 09:06	4	4	2	2	张柱	编辑 结束分娩 删除
13	10001	已完成	2020-11-03 09:48	4	1	3	1	勤农畜牧管理员	删除
10	10009	已完成	2020-09-20 10:09	4	3	3	1	勤农畜牧管理员	删除
9	10004	已完成	2020-09-15 10:09	5	4	2	2	勤农畜牧管理员	删除
8	10001	已完成	2020-09-07 10:09	4	4	2	2	勤农畜牧管理员	删除
7	10496	已完成	2020-09-07 10:09	3	3	2	1	勤农畜牧管理员	删除

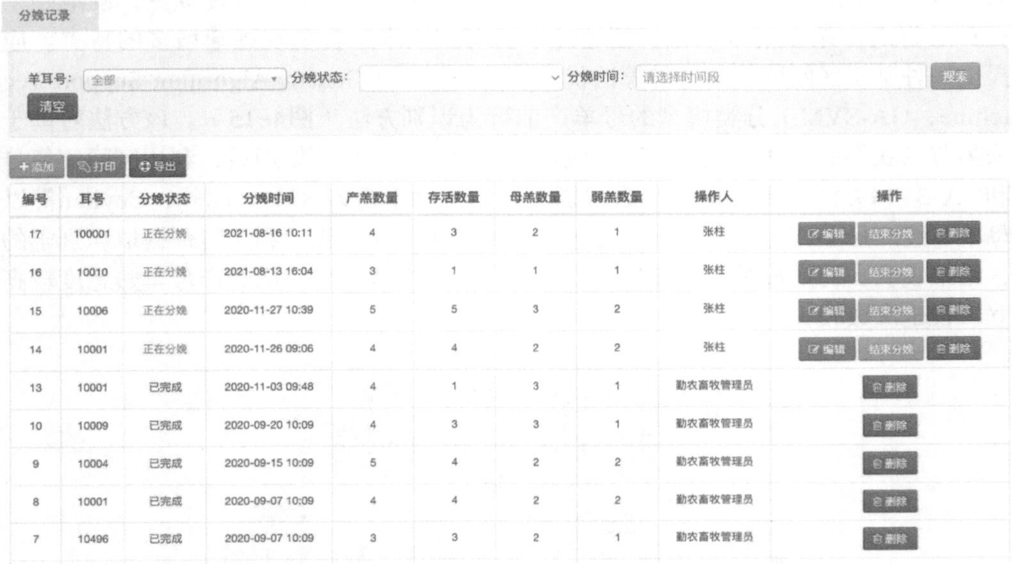

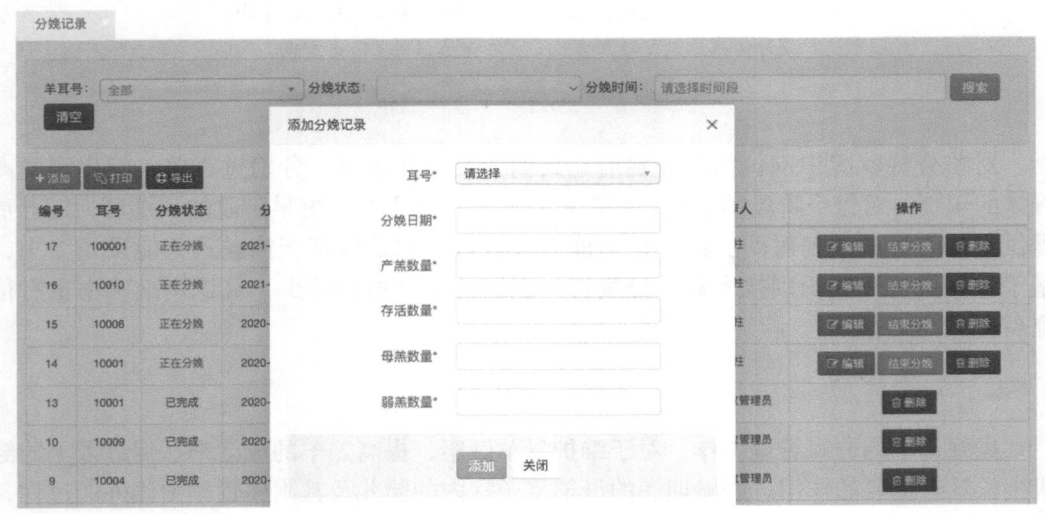

图4-16　羊只分娩记录

点击“添加”，选择“耳号”，输入“分娩日期”“产羔数量”“存活数量”“母羔数量”“弱羔数量”，添加羊只分娩记录（图4-17）。

图4-17　添加羊只分娩记录

参考文献

黄福任，贾博，徐洪东，等，2019. 母羊发情声音数字化识别模型的建立[J]. 中国畜牧杂志，55（12）：8-12.

刘艳秋，2017. 舍饲环境下母羊产前典型行为识别方法研究[D]. 呼和浩特：内蒙古农业大学.

应烨伟，2021. 基于嵌入式的湖羊产前行为特征分析及其监测系统研发[D]. 杭州：浙江农林大学.

张宏鸣，孙扬，赵春平，等，2023. 反刍家畜典型行为监测与生理状况识别方法研究综述[J]. 农业机械学报，54（3）：1-21.

BARROS DE FREITAS A C，ORITIZ VEGA W H，QUIRINO C R，et al.，2018. Surface temperature of ewes during estrous cycle measured by infrared thermography[J]. Theriogenology，119：245-251.

CEYHAN A，SEZENLER T，YÜKSEL M A，et al.，2012. Maternal and lamb behaviour of the Karacabey Merino ewes at pre-and post-parturition[J]. Research Opinions in Animal and Veterinary Sciences，2（6）：402-408.

SOHI R，ALMASI F，NGUYEN H，et al.，2022. Determination of ewe behaviour around lambing time and prediction of parturition 7 days prior to lambing by tri-axial accelerometer sensors in an extensive farming system[J]. Animal Production Science，62（17）：1729-1738.

FOGARTY E S，MANNING J K，TROTTER M G，et al.，2015. GNSS Technology and it application for improved reproductive management in extensive sheep systems[J]. Advanced Nonlinear Studies，10（10）：581-595.

YU L，PU Y，CEN H，et al.，2022. A lightweight neural network-based method for detecting estrus behavior in ewes[J]. Agriculture，12（8）：1207.

第五章 智能化营养

近年来，随着我国养殖业及饲料业发展与行业格局的转变，精准营养（precision nutrition）成为整个养殖业与饲料业关注与讨论的焦点与热点，这也是我国养殖业及饲料业进一步发展的方向与契机。精准营养是基于群体内动物的年龄、性别、体重和生产潜能等方面的不同，以个体不同营养需要的事实为依据，在适当的时间给群体中的每个个体提供成分适当、数量适宜饲粮的饲养技术。因此，精准营养根本目的是通过为达到动物目标生产性能提供精确的营养需求量，从而减少饲料供给与营养需求间的浪费。其营养需求计算需重点考虑动物个体之间和随日龄或生产阶段改变对营养需求改变的两个变量，而生产实际中则需确保营养实际需求量与营养实际摄入量相吻合。实际生产中，养殖企业为获得最大的生产性能，通常按个体最大需求量供给营养，导致群体内多数个体营养摄入量偏高，饲料利用率降低，动物排泄量增加，对动物产品的质量安全和环境造成危害，加大了饲料成本，经济效益减少。因此，精确掌握动物的营养需求，并结合饲料原料的可利用性，发展精准饲养技术，是重要的发展策略，在提高饲料利用效率的同时，提高动物生产性能，降低饲养成本。人工智能技术在精准营养（配方精准、生产精准和应用精准）方面具有独特优势。

5.1 配方精准

5.1.1 饲料营养价值的精准评定技术

如何做好饲料营养成分效价的精准评定是实现原料价值挖掘和高效利用的关键，也是降低配方成本的核心技术。目前，评定饲料营养成分效价的方法分为传统检测（感官评价、化学性检测）和新兴技术检测（近红外光谱技术、高光谱成像技术、液相色谱-质谱联合技术、计算机视觉技术、电子鼻和电子舌分析技术）。

5.1.1.1 传统检测

感官评价是通过饲料的气味、色泽和质地判定饲料质量的好坏，操作较为简单，但存在主观性带来的误差。化学性检测确定饲料原料的营养价值是一项艰难的工作，该方法操作步骤烦琐，耗时费力，成本较高。目前，由德国科学家Hanneberg和Stohmann在1864年提出的概略养分分析方案在营养学中仍然应用最为广泛。随着营养学的发展，除了常规分析的粗蛋白质、粗脂肪、粗纤维、无氮浸出物、干物质和粗灰分外，还要测定真蛋白、非蛋白氮、氨基酸、脂肪酸、中性洗涤纤维、酸性洗涤纤维、酸性洗涤木质素、纤维素、半纤维素、木质素、葡萄糖、淀粉、矿物质、维生素、真菌及霉菌产物、生物碱、酶类以及其他有毒有害物质。

5.1.1.2　新兴技术检测

新兴技术检测包括近红外光谱技术、高光谱成像技术、液相色谱-质谱联合技术、计算机视觉技术以及电子鼻和电子舌分析技术，具有样品检测用时短、操作简单、人力成本低等优势。

近红外光谱技术是一种结合计算机、光谱、化学计量学等先进的定性定量检测技术，其以漫反射的方式获取样品近红外区的光谱，并采用主成分分析、偏最小二乘法等方法对所测成分进行线性或非线性的定量预测。纳嵘等建立了紫花苜蓿常规养分含量的近红外分析模型，用于快速检测紫花苜蓿中水分、粗蛋白质、中性洗涤纤维的含量，但是无法精确地预测粗脂肪、酸性洗涤纤维和粗灰分的含量，需要进一步调整和优化。近红外光谱技术可以快速、准确地对饲料中的各种组分进行分析，且不会损失样品，已在饲料原料及成品品质检测上得到了广泛的应用（图5-1）。

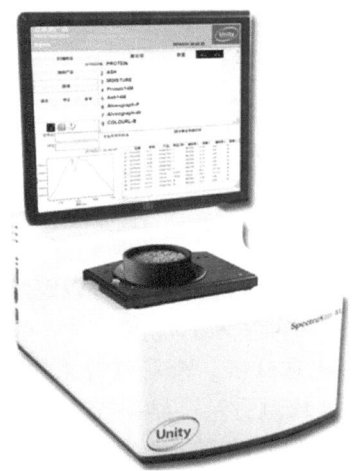

图5-1　近红外光谱仪

高光谱成像技术集合了光谱技术和数字图像处理技术的优势，能够同时获得被测饲料的一维光谱信息和二维空间信息，在一定波长范围内按照光谱分辨率连续排列二维的图像信息便得到一个三维的数据立方体，即一个三维的矩阵，其中的二维数据是图像像素的横纵坐标和轴，第三维是波长信息。一个完整的高光谱成像系统由光源、波长色散装置、探测器和具备图像采集功能的计算机组成（图5-2）。与近红外光谱技术相比，高光谱成像技术可以对饲料组分进行更为全面的分析。张梦宇等采集青贮玉米饲料样本936 ~ 2 539 nm的平均光谱，通过6种预处理方法对青贮玉米饲料平均光谱进行处理，发现通过建立偏最小二乘回归（partial least squares regression，PLSR）模型得出多元散射校正（multiplicative scatter correction，MSC）和卷积平滑（savitzky-golay，SG）2种预处理方法效果较好，使用竞争性自适应重加权算法（competitive adaptive reweighted sampling，CARS）、变量组合集群分析算法（variable combination population analysis，VCPA）以及迭代保留信息变量（iteratively retains informative variables，IRIV）算法对经MSC和SG卷积平滑预处理光谱进行特征波长提取，利用PLSR和极限学习机（extreme learning machines，ELM）分别建立青贮玉米饲料全波段、特征波长的pH值预测模型，MSC-CARS-PLSR为最优算法组合，其校正集决定系数为0.926 2，均方根误差为0.421 3，预测集决定系数为0.917 0，均方根误差为0.426 6。此外，Pierna等采用高光谱成像技术解决了豆粕中的三聚氰胺和氰尿酸污染的问题。

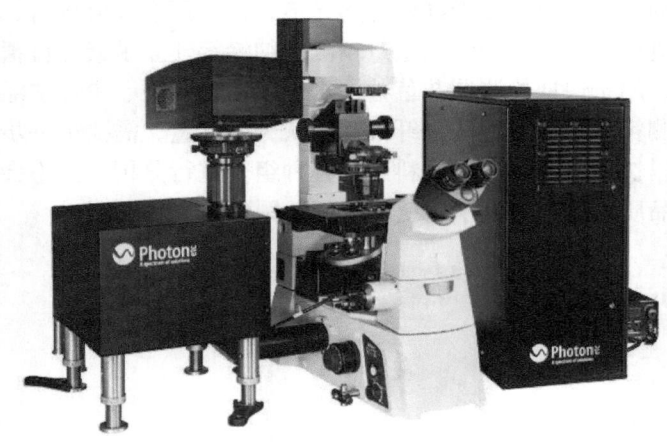

图5-2　高光谱成像系统

色谱技术是一种高度分离的技术，质谱技术可以定性地分析复合化合物的结构，而液相色谱-质谱联合技术结合了两种技术的优点，对一些不能汽化的物质通过液相系统分离后进入质谱系统进一步分离和分析。李彩虹等采用超高效液相色谱-质谱联用建立玉米籽粒中11种生物毒素的快速检测方法，结果表明此种方法快速高效，且实用性强。当前液相色谱-质谱联用技术非常适合用于饲料中违禁药物的检测和未知添加药物的分析，具有检测精度高、灵敏度高及检出限低等特点，但在应用中受到诸多因素的影响，如饲料添加剂发生变异和仪器昂贵等，限制了该项技术的应用。

计算机视觉技术是一种一定程度上可实现人类视觉功能的智能系统。该方法主要是通过对饲料图像进行检测，再由图像处理系统将其转化为数字信号，在此基础上对目标进行特征提取，最后完成对目标的识别与检测。该方法具有分析简单、快速、无损的优点。何冲运用了计算机线阵光学成像技术系统对颗粒饲料进行自动动态扫描，以获取饲料颗粒图像，并对图像进行特征分析，实现了颗粒饲料基本物理特性参数的检测。

电子鼻和电子舌分析技术是一种通过嗅觉特征的指纹识别技术。与传统的感官评价相比较，电子鼻和电子舌片具有高灵敏度、易于制备操作、安全快速、检测费用低廉等特点。Ottoboni等采用电子鼻联合侧流免疫的方法测定在玉米样品中的黄曲霉毒素和伏马菌素，结果显示电子鼻可以检测玉米粒库存中黄曲霉毒素和伏马菌素或二者的污染。

5.1.2　羊营养需要的精准评定

羊营养需要的精准评定不仅可以使饲料得以充分利用，降低养殖成本，还可为合理养殖提供参考，促进羊生产性能和繁殖性能的高效发挥。相对于欧美国家来说，关于羊营养需要的研究在我国开展较晚。美国国家科学研究委员会（National Research Council，NRC）在1953年首次建议了绵羊营养需要量，此后一直在不断地修订和完善。1985年第六版NRC修订的绵羊饲养标准，更为详细地建议了不同品种、不同体重、不同体型绵羊所需要的常规营养物质（干物质、粗蛋白质）、常量元素（钠、氯、钙、磷）、微量元素（碘、铁、铜、钼、钴）、维生素（有效维生素A、维生素E、硫胺素、核黄素等）、总消化养分、消化能、代谢能等的需要量。2007年美国NRC发布了关于小反刍动物（绵羊、山羊、鹿等）的营养需要，建议了不同性别、不同体重、不同生理阶段羊只所需要的营养物质，包括能量需要、蛋白质需要、矿物质需要和维生素需要。英国农业与食品科学委员会（Agricultural and Food Research Council，AFRC）在1993年推出了《反刍动物能量和蛋白营养需要》，将绵羊的营养需要量进行了更新。2004年我国颁布了《肉羊饲养标准》（NY/T 816—2004）［现已被《肉羊营养需要量》（NY/T 816—2021）代替］。

在实际生产中，羊营养需要受到动物（遗传潜力、年龄、体重和性别）、饲料（养分组成、消化率、生物学效价）和环境（温度、湿度、通风和空间容量）等因素的制约。一般采用剂量反应法和析因法估计羊的营养需要。在剂量反应法中，确定羊的营养需要是从一个群体的观点出发，用含不同水平的某一营养物质的日粮饲喂一个群体，通过评估群体对不同浓度日粮的反应来确定羊对这一营养物质的需要量。在析因法中，羊的营养需要是机体维持需要和生产需要的总和，这要求对每种营养物质及其前体物质的需要量进行评估，并考虑每种营养物质应用与不同代谢过程的效率。总之，评定营养需要的两种方法都是在研究羊营养摄入和反应之间关系的试验结果的基础上进行评定的。

5.1.3　智能配方算法

精准营养被应用于饲料配方中，精确评定饲料营养成分，精准定位动物营养需求量，进行饲料配方的设计。国内外对精准营养在饲料配方中的应用、不同算法在饲料开发中的应用以及智能配方系统的构建均有大量研究，线性规划、模糊规划、目标规划等都曾被应用于饲料配方设计中。当前，遗传算法、群智能优化算法、混沌免疫算法、模拟退火算法等被应用于饲料配方优化设计，取得了较好的成果。这些成果有助于构建智能配方系统，实现动态调整饲喂和精准营养，不仅能够满足营养需求，还能够节约饲料资源。

构建合适的数学模型离不开大量数据，数据往往来源于相关数据库。中国饲料数据库，含有饲料样本数据、饲料实体数据、国际饲料数据以及动物需求量，整理了美国饲料周刊*Feedstuff*发布的饲料养分综合数据表，为构建数学模型提供了数据基础。构建数学模型也离不开智能算法的应用。智能算法能够优化数学模型，使模型更加适合饲料配方的设计。

遗传算法（genetic algorithm，GA），是1975年由Holland J教授首次提出的一种通过模拟自然进化过程的并行搜索算法，通过数学的方式将最优解的求解过程转变成类似染色体基因交叉、变异等过程。饲料配方优化问题是一种较为复杂的组合优化问题，相较于传统算法，利用遗传算法求解，能够更高效地获得更逼近最优解的优化结果。多目标遗传算法、杂种遗传算法、改进遗传算法均属于遗传算法。徐东升等以30 kg、日增重0.01 kg白绒山羊为研究对象，以我国肉羊饲养标准中营养需求量为约束条件进行仿真实验，改进遗传算法在优化精度、防止早熟、搜索能力等方面取得了较好的成果，并且能够降低配方的成本。群体智能优化算法是一种演化计算方法，具有灵活性、简单性和可伸缩性的特点，适合于解决饲料配方优化问题。

5.2　生产精准

随着大数据分析、人工智能、物联网等新兴技术的蓬勃发展，饲料生产也迎来了升级发展的良好时机，不仅能提升饲料生产效率，助推实现饲料生产的全产业链化；同时还能利用物联网便捷的信息传输，实现对饲料生产的远程操作、监控及科学决策，进而减少能源消耗，降低生产成本。

饲料生产不是靠单一的程序或流程可以实现的，而是需要各个环节相互配合、相互辅助才能完成生产。大数据分析能通过系统对每个环节做到生产监督，确保生产安全，杜绝生产过程中的浪费行为。大数据分析技术还能将大量客户的信息、需求、分布范围等进行分类整理，同时能整理上游供应商信息、原材料信息等数据，实现用户的个性化定制，促进物流高效运转。人工智能可依赖人工制造机械设备实现对生产决策、产品调配、资源整合、物流规划等环节的智能化安排，进而节约人工成本，大幅提升生产效率。饲料生产企业搭建物联网后可以24 h监测环境温度和空气湿度，一旦环境温度和空气湿度不能达到存放条件，传感器会通过物联网发出信号，由控温装置和控湿装置对原料和成品存放条件进行相应的调温调湿处理，以保证存放条件达标。同时，还可以利用生物传感器对原材料成分和产品成分进行及时的检测分析，并通过智能判别系统及时发现有害物质残留，以达到判别饲料产品是否符合安全的目的。

5.3　应用精准

应用精准是精准营养技术的基础，包括采食量评估和饲喂精准。采食量直接影响羊的成长速度，指示生理健康状况，准确估测采食量，对及时发现患病个体和调整日粮结构具有重要意义。舍饲条件下，定量饲喂或衡量饲喂前后日粮重量差异可准确估测羊采食量；放牧条件下，羊直接采食草场牧草，测定采食量比较困难，这一直是一个难点。随着信息技术、人工智能、传感技术的发展，放牧羊采食量的自动监测方法被发明，根据监测变量不同，可分为行为变量法和声学变量法。在精准饲喂方面，为了提高饲喂的效率和精确性，目前主要依靠的技术为智能全混合日粮（total mixed ration，TMR）技术和饲喂机器人。

5.3.1　采食量评估

准确地估测放牧羊的采食量能够优化牧场的管理制度，更好地维护草原生态系统。在早期时，学者们提出了牧草和羊体重差分法。通过对比羊采食前后体重或牧草重量差异，实现了在特定条件下估测短期内采食量的目的。随后，又提出了标记法、比例法、微观组织学分析法和近红外光谱法等手工方法，实现了估测较长时期内采食量的目的。虽然以上方法在一定条件下具有较高的准确率，但存在使用成本高、费时费力、无法满足远程监测和精准营养需求等问题。近些年来，一些学者提出了利用传感器估测采食量的方法。

在放牧过程中，羊只咬食和咀嚼牧草，产生声音信号和行为信号，可用来估测放牧羊采食量。利用压力或电信号传感器获取行为相关参数，如咬食次数、咀嚼次数和反刍次数等；利用声音传感器可获得声音相关参数，如声音信号能量、频率等，转化行为参数可实现采食量估测。在估测采食量过程中，需考虑牧草种类、高度、含水率、颗粒大小等影响因素；还需考虑动物种类、体质量、头部大小、牙齿、头部组织结构等影响因素，这样建立的预测模型方法具有普遍性、信服性和高精度。根据监测变量类型的不同，可分为行为变量法和声学变量法。

5.3.1.1　行为变量法

行为变量法主要利用采食过程中咬食行为相关变量，如采食时间、咬食速率和单口咬食量等估测采食量。Pahl等研究了利用饲喂和咀嚼时间估测采食量的可行性，研究中将饲喂前后饲料重量差当作采食量的参考值，用MSR-ART压力传感器行为监测装置检测咀嚼行为及其时间，结果显示鲜物质采食量和饲喂、咀嚼时间的相关性系数分别为0.891、0.780。Campos等采集放置在山羊咬肌上电极的电信号，提取特征变量（SSC）线性回归3只羊采食4种草的纤维进食量，准确率超过86.7%。

5.3.1.2　声学变量法

声学变量法主要利用采食过程中咀嚼行为产生的声信号相关变量，如咀嚼次数、咀嚼声信号的总能量通量密度，结合行为变量、时间变量等估测采食量。一般而言，咀嚼行为的声信号包含的信息比咬食行为更丰富（图5-3）。王奎设计3对典型体重等级羊、2种牧草和3级草含水率相组合的29组试验，分别考察咀嚼行为衍生出的44个解释变量和采食量之间的相关性。结果表明，草含水率因素对变量斜率的影响近似等于羊体重因素，小于羊个体差异因素；在估测进食量时引入羊体重和增加试验因素变量，能够极大地提高模型的准确性。当预测采食量为鲜物质和羊体重平方的乘积时，使用所有解释变量和因素变量能够建立准确的采食量回归模型，R^2为0.972 7。

（a）麦克风和发射器；（b）接收器；（c）个人计算机。

图5-3　采食量估测试验场景

5.3.2　精准饲喂

羊智慧养殖管理系统基于TMR技术设计了精准饲喂功能。精准饲喂是由精准饲喂管理软件和智能饲喂设备组成，可分为TMR设备管理、日粮管理、任务预览、报表4部分（图5-4）。根据不同圈舍中处于不同生长阶段羊只（育肥羊、妊娠后期及泌乳期母羊、空怀期及妊娠早期母羊、种公羊及后备公羊等）的营养需要，围绕饲喂目标综合考虑羊只生理状况、饲料营养成分、饲料原料价格等要素得出饲料配方。通过TMR搅拌机配制出全价的TMR。系统对生产过程中正在进行的TMR任务、TMR班次进行实时管理，在系统模型中可以预览加料情况、撒料情况，并自动生成相关数据报表，方便统筹管理。

精准饲喂　>

▸ TMR设备管理

▸ 日粮管理　>

▸ 任务预览　>

▸ 报表　>

图5-4　精准饲喂

5.3.2.1　TMR设备管理

TMR技术是将精饲料、粗饲料和各种添加剂进行科学搭配，然后再通过专用搅拌设备充分混合的一种饲喂技术，TMR技术的应用可以保证日粮的全价性，提高肉羊的生长和生产性能，还可以显著提高肉羊的健康水平，对于减少饲料的浪费、增强肉羊食欲都非常重要，可满足当前肉羊养殖业向集约化、规模化养殖模式发展的需要。TMR

加工的主体设备是TMR混合机，目前国内TMR设备分为卧式TMR混合机（图5-5）和立式TMR混合机（图5-6）。TMR混合机带有高精度的电子称重系统，可获取料食的总重量，能准确计量饲料重量变化，尤其是对微量原料可以准确称量，从而生产出高品质饲料。

图5-5　卧式TMR混合机　　　　　　图5-6　立式TMR混合机

TMR设备管理系统录入了养殖场所管理的TMR设备，点击"TMR设备管理"，输入"TMR编号"，选择"所属场"可直接查询系统内TMR设备信息，包括TMR设备的"TMR编号""所属场""添加时间""状态"（图5-7）。点击"添加"在系统内新增TMR设备，点击"编辑"更改设备相关信息。

TMR设备管理

TMR编号：　　　　　　所属场：　　　　　　　　　　搜索　清空

+添加

TMR编号	所属场	添加时间	状态	操作
906834	内蒙古志强羊业	2020-12-08 08:18:05	启用	编辑　删除
9802856	内蒙古志强羊业	2020-11-24 12:01:30	启用	编辑　删除
9802874	内蒙古志强羊业	2020-11-24 12:00:46	启用	编辑　删除
1	内蒙古志强羊业	2021-02-02 09:28:18	启用	编辑　删除
9802874	内蒙古多赛特种羊场	2021-02-02 09:28:42	启用	编辑　删除

图5-7　TMR设备管理

5.3.2.2　日粮管理

日粮管理模块由4部分组成，包括配方管理、圈舍配方、TMR任务和TMR班次。

肉羊所需的营养，包括能量、蛋白质、矿物质、维生素和水等。在放牧条件下，主要靠采食和消化青草、干草等粗饲料获取，仅在需要与可能时，通过给予高能量的谷物饲料、高蛋白豆类和饼粕类及某些矿物质和维生素预混料，以补充其营养物质需求不足部分。在舍饲条件下，则需要完全依靠采食和消化营养平衡的日粮获取营养。羊的营养包括维持需要和生产需要，其中维持需要是指羊为了维持其正常生命活动，即体重不增不减维持原有状态，且无生产行为的情况下，其基本生理活动所需要的营养物质；生产需要则包括了生长、繁殖、泌乳和产毛等生产条件下的营养需要。

配方管理：日粮配方是在精确的营养调控的前提下，以最低的饲料成本满足动物不同品种、性别、年龄的营养需要，根据个体不同饲养阶段的营养需要和个体体重、生长性能差异，有选择性地为每个个体提供适当的营养成分。在饲料配制过程中，应用精准营养调控技术，需要对不同饲料原料的营养成分进行科学合理的配比，根据营养需要配制饲料配方，促进营养吸收。

点击“配方管理”，在“配方名称”栏输入关键词，搜索饲粮配方（图5-8）。点击“添加”，输入“配方名称”，选择“配置人”“状态”，添加“备注”生成新饲料配方（图5-9）。点击“配方详情”，详细查看“装料顺序”“物料”“物料重量”“延跳时间（分）”“延跳重量（kg）”“单价”等信息，点击“编辑”“删除”对以上信息进行更改（图5-10）。

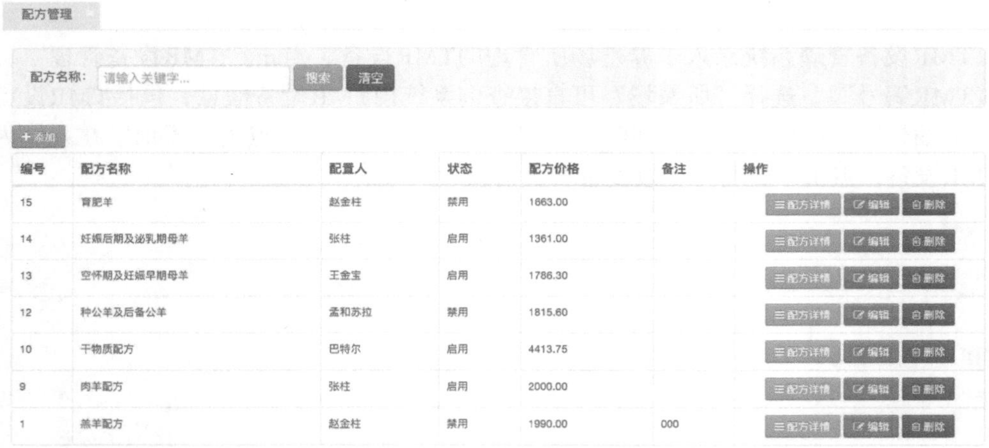

编号	配方名称	配置人	状态	配方价格	备注	操作
15	育肥羊	赵金柱	禁用	1663.00		配方详情 编辑 删除
14	妊娠后期及泌乳期母羊	张柱	启用	1361.00		配方详情 编辑 删除
13	空怀期及妊娠早期母羊	王金宝	启用	1786.30		配方详情 编辑 删除
12	种公羊及后备公羊	孟和苏拉	禁用	1815.60		配方详情 编辑 删除
10	干物质配方	巴特尔	启用	4413.75		配方详情 编辑 删除
9	肉羊配方	张柱	启用	2000.00		配方详情 编辑 删除
1	羔羊配方	赵金柱	禁用	1990.00	000	配方详情 编辑 删除

图5-8　配方管理

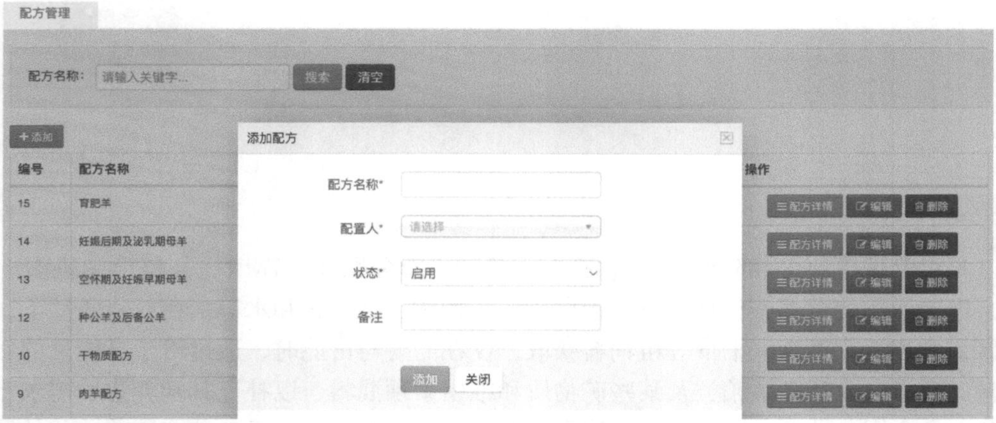

图5-9　生成新饲料配方

图5-10 配方详情

圈舍配方：在饲养过程中由于不同个体营养需要不同、所处生理阶段不同、饲养用途不同等原因，为了更好地实现精准营养，养殖人员将一些有相同营养需求的个体放置在同一圈舍内饲养，方便投饲。养殖过程中养殖人员按照所需营养成分的生长时期不同，把羊只分为种公羊、空怀及妊娠早期、妊娠后期、哺乳期、育成羊、羔羊等圈舍分别饲喂。

点击"圈舍配方"（图5-11），点击"编辑"，输入"饲喂头数""班次1比例（%）""班次2比例（%）""班次3比例（%）""班次4比例（%）"，选择"配方名称""状态"，随时编辑更改圈舍配方（图5-12）。

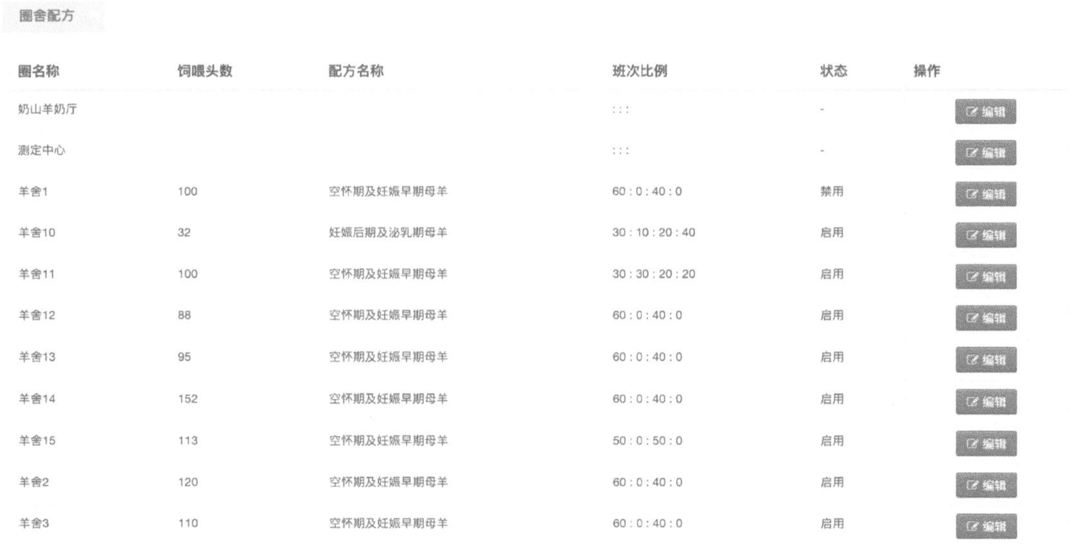

圈舍配方

圈名称	饲喂头数	配方名称	班次比例	状态	操作
奶山羊奶厅			:::	-	编辑
测定中心			:::	-	编辑
羊舍1	100	空怀期及妊娠早期母羊	60:0:40:0	禁用	编辑
羊舍10	32	妊娠后期及泌乳期母羊	30:10:20:40	启用	编辑
羊舍11	100	空怀期及妊娠早期母羊	30:30:20:20	启用	编辑
羊舍12	88	空怀期及妊娠早期母羊	60:0:40:0	启用	编辑
羊舍13	95	空怀期及妊娠早期母羊	60:0:40:0	启用	编辑
羊舍14	152	空怀期及妊娠早期母羊	60:0:40:0	启用	编辑
羊舍15	113	空怀期及妊娠早期母羊	50:0:50:0	启用	编辑
羊舍2	120	空怀期及妊娠早期母羊	60:0:40:0	启用	编辑
羊舍3	110	空怀期及妊娠早期母羊	60:0:40:0	启用	编辑

图5-11 圈舍配方

圈舍配方

圈名称	饲喂头数	配方名称	班次比例	状态	操作
奶山羊奶厅				·	编辑
测定中心				·	编辑
羊舍1	100			禁用	编辑
羊舍10	32			启用	编辑
羊舍11	100			启用	编辑
羊舍12	88			启用	编辑
羊舍13	95			启用	编辑
羊舍14	152			启用	编辑
羊舍15	113			启用	编辑
羊舍2	120			启用	编辑
羊舍3	110			启用	编辑

配方

饲喂头数*	100
配方名称*	空怀期及妊娠早期母羊
班次1比例(%)	60
班次2比例(%)	0
班次3比例(%)	40
班次4比例(%)	0
状态	禁用

保存　关闭

图5-12　编辑更改圈舍配方

TMR任务：TMR任务管理系统将繁杂日常管理操作简化为一条条指令任务，直接对应每名养殖人员的工作。

点击"TMR任务"，选择"TMR编号""班次""圈舍"搜索TMR任务（图5-13）。点击"添加"，选择"TMR编号""班次""状态""加料人""撒料人""圈舍"，添加TMR任务，点击"编辑"修改已有TMR任务（图5-14）。

TMR任务

TMR编号：　　　　班次：　　　　圈舍：　　　搜索　清空

+添加

TMR编号	班次	圈舍名称	加料人	撒料人	状态	操作
9802856	核心种羊夜班	供体羊4舍	冯运远	巴特尔	启用	编辑
9802856	核心种羊晚班	供体羊4舍	冯运远	巴特尔	启用	编辑
9802874	核心种羊午班	供体羊4舍	孟和苏拉	张安安	启用	编辑
9802856	核心种羊夜班	供体羊3舍	孟和苏拉	张强	启用	编辑
9802856	核心种羊晚班	供体羊3舍	孟和苏拉	张安安	启用	编辑
9802874	核心种羊夜班	供体羊2舍	孟和苏拉	张安安	启用	编辑
9802874	核心种羊晚班	供体羊2舍	孟和苏拉	张安安	启用	编辑
9802874	核心种羊午班	供体羊2舍	孟和苏拉	张安安	启用	编辑
9802874	核心种羊夜班	供体羊1舍	王龙	张强	启用	编辑
9802874	核心种羊晚班	供体羊1舍	王龙	张强	启用	编辑

图5-13　TMR任务

图5-14　修改TMR任务

TMR班次：TMR班次管理系统详细记录了每一班次的TMR任务，包括开始时间、结束时间等相关信息。养殖人员可以通过该系统直接了解每个工作班次运行时间等相关信息，形成任务反馈。在日常生产中及时了解每一班次工作任务对整个养殖场管理的统筹规划具有重要意义，可以减少大量的人力物力资源的浪费，智慧管理系统代替了人工管理，进一步减少了可能出现的人为失误。

点击"TMR班次"（图5-15），点击"添加"，选择"班次"，输入"说明""开始时间""结束时间"，生成新TMR任务班次（图5-16），点击"编辑"修改已有TMR班次（图5-17）。

TMR班次

+ 添加

班次	说明	开始时间	结束时间	操作
1	核心种羊早班	06:30:00	07:30:00	编辑
2	核心种羊午班	12:00:00	13:30:00	编辑
1	育肥早班	07:00:00	07:30:00	编辑
2	育肥午班	11:30:00	12:00:00	编辑
3	育肥晚班	17:00:00	17:30:00	编辑
4	育肥夜班	21:00:00	21:30:00	编辑
3	核心种羊晚班	17:00:00	17:30:00	编辑
4	核心种羊夜班	21:30:00	22:00:00	编辑

图5-15　TMR班次

图5-16　添加TMR班次

图5-17　修改TMR班次

5.3.2.3　任务预览

任务预览系统将每天的日常管理任务直观显示，管理人员可以直接通过系统发布工作任务，养殖人员从系统中领取任务，减少人力资源的浪费，减少不必要的中间环节，最大程度地提高工作效率，降低成本，其下设两个模块，分别为加料预览及撒料预览模块。加料及撒料预览系统对TMR编号、班次、圈舍名称、配方、头数、重量等信息详细记录，并可通过TMR编号或班次一键检索撒料情况。养殖人员可通过系统对每一圈舍撒料情况有所了解，从而了解圈舍羊只情况。

加料预览：点击"加料预览"，选择"TMR编号""班次"，预览"圈舍名称""配方""头数""总重量（kg）""物料""重量（kg）"等加料详情（图5-18）。

加料预览

TMR编号	班次	圈舍名称	配方	头数	总重量(kg)	物料	重量(kg)
						玉米	33
						麸皮	5
						豆粕	9
						鱼粉	1
9802874	核心种羊早班(06:30:00 ~ 07:30:00)	供体羊3舍	空怀期及妊娠早期母羊	110	1000	碳酸氢钙	1
						食盐	1
						苜蓿干草	800
						玉米青贮	150
						玉米	33
						麸皮	5
						豆粕	9
						鱼粉	1
9802874	核心种羊早班(06:30:00 ~ 07:30:00)	供体羊4舍	空怀期及妊娠早期母羊	110	1000	碳酸氢钙	1
						食盐	1
						苜蓿干草	800
						玉米青贮	150

图5-18 加料预览

撒料预览：点击"撒料预览"，选择"TMR编号""班次"，预览"圈舍名称""配方""头数""重量（kg）"等撒料详情（图5-19）。

撒料预览

TMR编号	班次	圈舍名称	配方	头数	重量(kg)
9802874	核心种羊午班(12:00:00 ~ 13:30:00)	供体羊3舍	空怀期及妊娠早期母羊	110	0.00
9802874	核心种羊早班(06:30:00 ~ 07:30:00)	供体羊3舍	空怀期及妊娠早期母羊	110	600.00
9802874	核心种羊早班(06:30:00 ~ 07:30:00)	供体羊4舍	空怀期及妊娠早期母羊	110	600.00
9802874	核心种羊早班(06:30:00 ~ 07:30:00)	供体羊8舍	干物质配方	300	300.00
9802874	育肥早班(07:00:00 ~ 07:30:00)	杂交羊A1舍	肉羊配方	130	200.00
9802874	育肥午班(11:30:00 ~ 12:00:00)	杂交羊A1舍	肉羊配方	130	200.00
9802874	育肥晚班(17:00:00 ~ 17:30:00)	杂交羊A1舍	肉羊配方	130	300.00
9802874	育肥夜班(21:00:00 ~ 21:30:00)	杂交羊A1舍	肉羊配方	130	300.00
9802874	核心种羊午班(12:00:00 ~ 13:30:00)	供体羊2舍	空怀期及妊娠早期母羊	120	0.00
9802874	核心种羊晚班(17:00:00 ~ 17:30:00)	供体羊2舍	空怀期及妊娠早期母羊	120	400.00

图5-19 撒料预览

5.3.2.4 报表

报表管理系统，可随时查看每个项目的经营情况，实时数据归集，围绕项目多维业务数据展现核心指标一目了然，突显重要数据。工作人员可随时掌握每一物料的计划重量、实际重量、计划价格、实际价格、误差值、误差率即动态成本和动态利润，并进行对比分析，知道每种物料的使用和库存情况，便于及时做出决策。通过报表管理系统能够对数据实现精细化管理，对财务资金分析及管控有参考价值。可以随时随地了解全方位最新数据，无须在线下询问或者等待会议滞后汇报，给决策提供科学的数据依据，避免凭经验或者拍脑袋决策而带来的风险，做到对项目及各部门工作心中有数。报表系统包括了加料报表、撒料报表、加料汇总及撒料汇总。当今是大数据时代，可视化数据已经渐渐进入大众的视野，相对于简单的数据分析报表，人们更喜欢看到可视化的报表，看起来既清晰美观又能突出重点。

数据可视化能够更好地帮助养殖场管理人员分析数据，信息的质量很大程度上依赖于其表达方式。对数字群组中所包含的意义进行分析，使分析结果可视化。可视化数据借助图形化的手段，清晰有效地传达各类数据信息。一方面，数据赋予可视化价值；另一方面，可视化增加数据的灵性。这两者相辅相成，帮助养殖场从繁杂的信息中提取最有价值的内容。

加料报表：加料报表模块中可清晰地看出加料日期、TMR编号、班次、饲料名额、计划重量、实际重量、计划价格、实际价格，并可根据计划价格及实际价格计算误差值及误差率。

点击"加料报表"，输入"日期"，选择"TMR编号""班次"，查询"饲料名称""计划重量""实际重量""计划价格""实际价格""误差值""误差率"等详细加料情况（图5-20）。

加料报表

| 日期 | | TMR编号：全部 | | 班次：全部 | | 搜索 | 清空 | | | |

日期	TMR编号	班次	饲料名称	计划重量	实际重量	计划价格	实际价格	误差值	误差率
2020-12-09	9802874	育肥早班	苜蓿干草	800	835	1,600.00	1,670.00	70.00	4.38%
2020-12-09	9802874	育肥早班	玉米	200	192	400.00	384.00	-16.00	-4.00%
2020-12-09	9802874	核心种羊早班	豆粕	125	123	375.00	369.00	-6.00	-1.60%
2020-12-09	9802874	核心种羊早班	玉米青贮	875	882	262.50	264.60	2.10	0.80%
2020-12-09	9802874	核心种羊早班	玉米	33	32	72.60	70.40	-2.20	-3.03%
2020-12-09	9802874	核心种羊早班	麸皮	5	5	15.00	15.00	0.00	0.00%
2020-12-09	9802874	核心种羊早班	豆粕	9	9	29.70	29.70	0.00	0.00%
2020-12-09	9802874	核心种羊早班	鱼粉	1	1	8.00	8.00	0.00	0.00%
2020-12-09	9802874	核心种羊早班	碳酸氢钙	1	1	15.00	15.00	0.00	0.00%
2020-12-09	9802874	核心种羊早班	食盐	1	1	1.00	1.00	0.00	0.00%

图5-20　加料报表

　　撒料报表：在撒料报表模块中可清晰地看出各日期撒料的TMR编号、班次、圈舍、计划重量、实际重量、计划价格、实际价格，并根据计划价格和实际价格算出误差值及误差率。并可查得每天的撒料完成时间、配方名称、饲喂头数、加料人及撒料人。

　　点击"撒料报表"，输入"日期"，选择"TMR编号""班次"，查询"圈舍""计划重量""实际重量""计划价格""实际价格""误差值""误差率""完成时间""配方名称""饲喂头数""加料人""撒料人"等撒料详情（图5-21）。

图5-21　撒料报表

　　加料汇总：在加料汇总模块中可清晰地看出加料时各物料的计划添加重量、实际添加重量及各物料的计划价格、实际价格，并根据计划价格及实际价格计算出误差值及误差率。

　　点击"加料汇总"，输入"日期"，查询"物料名称""计划重量""实际重量""计划价格""实际价格""误差值""误差率"等加料汇总详情（图5-22）。

图5-22　加料汇总

撒料汇总：在撒料汇总模块中可清晰地看出各圈舍计划撒料重量、实际撒料重量及各圈舍撒料的计划价格、实际价格，并可通过计划价格及实际价格计算出误差值及误差率。

点击"撒料汇总"，输入"日期"，查询"圈舍名称""计划重量""实际重量""计划价格""实际价格""误差值""误差率"等撒料汇总详情（图5-23）。

撒料汇总

日期：[   ] 搜索 清空

圈舍名称	计划重量	实际重量	计划价格	实际价格	误差值	误差率
供体羊8舍	4320	4298	21,162.00	20,713.18	-448.82	-2.12%
杂交羊A1舍	14000	11536	28,000.00	23,072.00	-4,928.00	-17.60%
供体羊3舍	14000	13968	25,060.00	25,002.72	-57.28	-0.23%
供体羊4舍	14000	14024	25,060.00	25,102.96	42.96	0.17%

图5-23　撒料汇总

5.3.2.5　饲喂机器人

羊养殖的生产模式已由粗放型向集约型转变，生产水平不断提高，但较低的劳动生产率和劳动力短缺等问题严重制约羊养殖业的快速发展。利用现代信息和人工智能技术，研发饲喂机器人，包括喂料、推料等机器人，实现数字化、智能化的养殖，是解决上述问题的主要途径。在羊饲喂机器人方面，张磊设计出一款磁导引式羊只自动饲喂机器人，可根据实际工作环境调整导引路径和工作区间，根据饲喂区间内羊只的数量和生长周期实现定时定量的自动饲喂，有效降低了饲喂劳动强度和饲料浪费，推动了国内畜牧业智能化的发展。北京京鹏环宇畜牧公司研制了全自动空中带式饲喂系统、全自动地面带式饲喂系统和智能机器人饲喂系统，具有占地面积小、使用方便灵活等特点，能够满足不同养殖规模用户的需求。饲喂机器人内部结构精密，配方多元化和精细化，保证每只羊采食到适量且营养均衡的饲料，获得最高增重和最佳饲料报酬，可以有效提高羊场的利润。此外，为避免机器人运行引起羊只的应激反应，孙芊芊等对羊只智能饲喂机器人进行了功能与造型设计，功能方面实现智能饲喂、监控反馈和自动行走，造型方面实现材料、形态和颜色的适应性和创新性，有效避免羊只的有害应激反应。

目前，机器人的结构以刚性结构为主，存在较大的机械安全隐患，还需加强机器人驱动柔性以及机器人新材料的研发和应用，实现畜牧机器人刚性与柔性之间的转换，消除存在的安全隐患。此外，在畜牧机器人的人机交互方面，通过引进先进的信息技术，提高机器人的友好性、智能程度、自身学习能力，也将是未来发展的必然趋势。

参考文献

何冲，2016. 基于线阵光学成像技术的饲料物理特性检测及粉碎机筛网破损识别方法研究[D]. 武汉：华中农业大学.

京鹏畜牧. 机器人智能饲喂[EB/OL]. [2022-3-10]. http://www.jpxm.com/Product/51.html.

李彩虹，王永宏，赵如浪，等，2023. 超高效液相色谱-质谱联用快速测定玉米及其产品中11种生物毒素[J]. 食品与发酵工业，49（9）：304-309.

李岩，袁弘宇，于佳乔，等，2019. 遗传算法在优化问题中的应用综述[J]. 山东工业技术（12）：242-243，180.

纳嵘，任晋东，胡波，等，2021. 基于不同预处理方法建立苜蓿营养成分近红外快速分析模型的研究[J]. 家畜生态学报，42（12）：37-43.

孙芊芊，李海军，宣传忠，等，2019. 基于羊只应激反应的智能饲喂机器人功能与造型研究[J]. 内蒙古农业大学学报，40（5）：60-64.

王奎，2021. 基于声信号的放牧羊只牧食信息监测研究[D]. 呼和浩特：内蒙古农业大学.

王奎，武佩，宣传忠，等，2020. 放牧家畜牧食信息监测的研究进展[J]. 南京农业大学学报，43（3）：403-413.

王甜，2022. 芦苇颗粒化全混合日粮对滩羊生产性能及肉品质的影响[D]. 银川：宁夏大学.

徐东升，杨斐，王伯槐，2010. 改进遗传算法在饲料配方设计中的应用[J]. 现代电子技术，33（20）：140-143.

杨海天，孔祥杰，张奇，等，2018. 猪精准营养技术简述[J]. 猪业科学，35（5）：34-36，4.

杨亮，熊本海，王辉，等，2022. 家畜饲喂机器人研究进展与发展展望[J]. 智慧农业（中英文），4（2）：86-98.

杨振燕，2022. 知识丰盈，赋能行业：《猪业科学》2022年第7期读后感[J]. 猪业科学，2022，39（8）：11.

张磊，2018. 羊只饲喂机器人行驶系统及其导引控制系统设计[D]. 呼和浩特：内蒙古农业大学.

张梦宇，郝敏，田海清，等，2023. 基于高光谱成像技术的青贮玉米饲料pH值无损检测[J]. 农业工程学报，39（4）：239-247.

张雨鑫，2022. 高光谱成像技术在饲料及原料霉变检测中的应用[J]. 黑龙江粮食（12）：53-55.

CAMPOS D P，ABATTI P J，BERTOTTI F L，et al.，2019. Short-term fiber intake estimation in goats using surface electromyography of the masseter muscle[J]. Biosystems Engineering, 183: 209−220.

OTTOBONI M, PINOTTI L, TRETOLA M, et al., 2018. Combining E-nose and lateral flow immunoassays LFIAs for Rapid Occurrence/Co -Occurrence aflatoxin and fumonisin detection in maize [J]. Toxins, 10（10）: 416.

PAHL C, HARTUNG E, GROTHMANN A, et al., 2015. Suitability of feeding and chewing time for estimation of feed intake in dairy cows[J]. Animal, 10（9）: 1507−1512.

PIERNA JAF, VINCKE D, DARDENNE P, et al., 2014. Line scan Hyperspectral Imaging Spectroscopy for the early detection of melamine and cyanuric acid in feed[J]. Journal of Near Infrared Spectroscopy, 22（2）: 103−112.

微信扫码进入线上平台

第六章　智能化健康管理

在集约化模式下，养殖方式由放牧向舍饲转变。由于遗传、细菌、害虫、营养、环境、应激、管理等多种因素容易影响羊只健康状况，使生产效率下降，影响羊肉质量。因此，必须完善羊健康监测和疾病治疗制度，保障羊只健康。

6.1　羊疾病的综合防治技术

6.1.1　羊病的类型

根据发病原因的不同可将羊病分为细菌性传染病、病毒性传染病、寄生虫性传染病和普通病。细菌性和病毒性传染病主要由细菌或病毒等病原体感染引起，具有突发性、急性、传染性强等特点，其快速传播会不同程度地危害羊群健康，且会出现人畜共患病情况，给肉羊养殖业带来极为严重的危害。养殖生产中应高度重视细菌性和病毒性传染病，采用"预防为主、治疗为辅"的策略，提高羊场疫病防控水平，加强生物安全控制、免疫接种和综合防治。寄生虫性传染病主要由吸虫、线虫、绦虫、蚤、虱、螨、蜱等感染引起，具有潜伏期长、传播速度慢、症状不明显等特点。体内寄生虫主要寄生在羊的肝、胆、消化道等内脏器官中，造成内脏器官损伤；体外寄生虫病主要寄生在羊身体表面，造成皮肤瘙痒溃烂、脱毛。由于寄生虫性传染病隐蔽性较强，应加强防控以免造成严重的经济损失。普通病主要包括外科疾病、内科疾病、产科疾病3种类型，主要与饲养管理不当、营养代谢障碍、误食有毒物质、机械损伤、异物刺激以及其他外界因素有关。普通病在羊群中多为散发，不会造成羊群中大规模的感染和死亡，但应及时发现并治疗，调控羊群饲养管理措施，避免造成不必要的经济损失。

6.1.2　主要细菌性和病毒性传染病防治

6.1.2.1　羊快疫

羊快疫是由腐败梭菌感染引起传染性疾病，绵羊感染后死亡率极高，对养羊业的危害极大，需做好该病的预防和治疗。

（1）常发区羊只定期注射羊快疫、羊猝疽、羊肠毒血症三联苗或羊快疫、羊猝疽、羔羊痢疾、羊肠毒血症三联四防苗，皮下注射或肌内注射5 mL，每年春、秋季注射2次。

（2）加强饲养管理，注意羊群保暖，防止采食冰冻饲草、饲料。

（3）发病后应做好病羊隔离、圈舍消毒、死亡养殖无害化处理及全群紧急防疫等工作。

（4）最急性型病例发病过程十分迅速，从出现症状至死亡仅几小时；进行急性病例病程稍长。对病程稍长的羊只可选用青霉素肌内注射，一次160万～200万IU，每日2～3次；内服磺胺嘧啶，一次5～6 g，每日2次；全群灌服10%～20%生石灰水溶液，每只100～150 mL。

6.1.2.2　羊猝疽

羊猝疽是由C型产气荚膜梭菌感染引起的传染性疾病，该病发病迅速、死亡率高，是一种剧性传染病，同样对养羊业的危害极大，需做好该病的预防和治疗。

（1）羊群定期注射三联苗或三联四防苗，皮下或肌内注射5 mL，每年春、秋季注射2次。

（2）加强饲养管理，保证充足均衡营养，保持圈舍环境卫生，定期消毒，及时清理粪便。

（3）对病羊进行隔离，对器具、圈舍进行消毒，对病羊尸体进行无害化处理。

（4）选用复方磺胺嘧啶钠肌内注射，一次0.015～0.02 g/kg体重，每日2次；灌服10%～20%生石灰水溶液，每只100～150 mL。

6.1.2.3　羊肠毒血症

羊肠毒血症是由D型产气荚膜梭菌引起的传染性疾病，表现为急性腹泻、呼吸紧张急促、肌肉震颤等症状，造成较高的羊只死亡率。

（1）在春秋季节对羊接种三联苗或三联四防苗，皮下注射或肌内注射，进行抗体水平的检测并及时补免。

（2）做好圈舍的环境控制，提供营养全面、适口性好的饲料，定期消毒。

（3）选用磺胺嘧啶钠注射液0.15 g/kg体重、5%葡萄糖氯化钠注射液500 mL、5%碳酸氢钠注射液静脉注射200～300 mL，每日2次；灌服0.5%高锰酸钾水溶液300～500 mL，每日2次。

6.1.2.4　羔羊痢疾

羔羊痢疾是由B型产气荚膜梭菌引起的传染性疾病，主要发生在7日龄以内的羔羊，尤其2～5日龄多发，造成较高的羊只死亡率。

（1）加强母羊饲养管理。保证妊娠期母羊的营养供给，提高母羊体况。保证羊舍干净卫生，定期消毒，加强通风及保温控湿。母羊分娩之前，进行乳房表面清洁、消毒，准备产房及必要工具。

（2）加强羔羊饲养管理。重视断脐工作，做好羔羊断脐处理。做好羔羊保温工作，加铺垫草，使用保温灯。保证羔羊顺利吃到初乳。对羔羊进行人工哺乳时，要做到定时、定量、定温。

（3）免疫预防。妊娠母羊接种痢疾菌苗或三联四防疫苗，每年春、秋季接种2次，进行抗体水平的检测，如果有必要，可在母羊产前的2～3周再次进行接种。

（4）药物治疗。可选用青霉素、链霉素各20万IU肌内注射，庆大霉素8万IU肌内注射，土霉素0.2～0.5 g、胃蛋白酶0.1～0.2 g口服，每日2次。羔羊严重脱失水时，可用5%葡萄糖生理盐水静脉注射100～150 mL及时补液。

6.1.2.5　口蹄疫

口蹄疫是由口蹄疫病毒引起偶蹄兽急性、热性、高度接触型传染病，死亡率较低，主要危害妊娠母羊和羔羊，引起妊娠母羊流产，羔羊因营养缺乏、继发感染出现死亡，严重威胁养殖业安全。

（1）科学配制饲料，满足羊只营养需要。保证饮用水清洁卫生。做好圈舍卫生，及时清理粪污，进行厌氧堆集发酵处理。定期开展消毒，可使用5%氨水、3%氢氧化钠溶液、10%石灰乳等多种消毒剂。

（2）我国强制进行免疫口蹄疫疫苗免疫，可结合实际情况选择当地易发生的血清型（O型、A型、C型、亚洲Ⅰ型等）的灭活疫苗，春、秋季进行2次颈部肌内注射。

（3）口蹄疫属于国家一类动物疫病，发生疫情应立即上报，实行严密的隔离、治疗、封闭、消毒，限期消灭疫情。

（4）针对病羊，先用高锰酸钾溶液或来苏尔溶液清洗患处，口腔、乳房等部位使用0.1%高锰酸钾溶液，蹄部患处使用3%来苏尔溶液，清洗完毕后涂抹鱼石脂软膏。如果病情较重，按照10 mL/kg体重注射利巴韦林溶液，抗继发感染。

6.1.2.6　羊布鲁氏菌病

羊布鲁氏菌病是由布鲁氏菌引起的一种人畜共患传染病，以母羊流产、公羊发生睾丸炎为主要特征，应以"预防为主"的原则开展羊布鲁氏菌病防控。

（1）加强引种管理。控制羊布鲁氏菌病传入的最好办法是自繁自养，调查引种地羊群疫病流行情况，从非疫区引种，对引入羊只隔离饲养45 d，同时进行羊布鲁氏菌病检测，全群阴性方可混群。

（2）做好净化工作。一般每半年对断奶羔羊进行1次布鲁氏菌病检测，成年羊2年检测1次布鲁氏菌病，检出的阳性羊不可留养或出售，要及时进行扑杀并做好无害化处理工作。

（3）免疫预防。除种公羊、泌乳母羊、弱病羊以外3月龄以上的所有羊全部进行布鲁氏菌猪型Ⅱ号弱毒苗（S2苗）口服1次，之后1～3个月再加强免疫1次。由于羊布鲁氏菌病属人畜共患病，免疫接种时必须采取个人防护措施。

（4）对疑似病羊和流产物等应进行无害化处理，污染场地及器具严格消毒。

6.1.2.7　羊痘

羊痘是由羊痘病毒引起的一种高度接触型传染病，主要侵害幼龄羔羊和妊娠母羊，妊娠母羊易突发流产或者产下死胎、弱胎，幼龄羔羊感染后没有有效的治疗手段，致死率接近100%，我国将其列为一类动物疫病。

（1）加强饲养管理，做好隔离防疫工作。冬、春季是羊痘暴发的集中阶段，需做好圈舍防寒保暖、通风换气、清洁、消毒工作。保证充裕的饲草、饲料与饮水供应，提高羊只健康。避免外部引种行为，必须要引种时，从未出现过羊痘疫情的羊场引种，引入羊只需隔离观察最少30 d，并做好抗体检测。

（2）全群每年秋季接种羊痘弱毒疫苗，尾部皮内注射0.5 mL，3月龄之内的羔羊断奶后，加强接种1次。

（3）发病羊立即进行隔离、治疗，病死羊立即无害化处理。对未发病羊进行紧急预防免疫接种。

（4）使用1%高锰酸钾溶液洗净病羊患处，涂抹碘伏，每日2～3次。为防止继发感染，使用80万～160万IU青霉素、50万～100万IU链霉素肌内注射，每日1～2次。

6.1.2.8　羊传染性脓疱口炎

羊传染性脓疱口炎由羊传染性脓疱病毒引起，具有急性、接触性、高发病率等特点，6月龄以下羊只更易感，致死率较低。

（1）勿从疫区引种，引进羊须隔离观察2～3周，严格检疫，同时应将蹄部多次清洗、消毒，证明无病后方可混入大群饲养。

（2）保护羊的皮肤、黏膜，防止外伤。

（3）接种疫苗是控制羊传染性脓包口炎的重要方法，但目前国内并没有商品化疫苗上市。

（4）在病羊患处涂抹碘甘油或者龙胆紫，每日2次；将100 mg/mL三氯唑核苷注射液和5 mg/mL地塞米松注射液按照2：1混合，肌内注射，成年羊、羔羊分别为4 mL、2 mL，每日1次。

6.1.2.9　羊小反刍兽疫

羊小反刍兽疫是由小反刍兽疫病毒引起，以腹泻、口炎、发热和肺炎为特征的一种急性接触性传染病，我国将其列为一类动物疫病。

（1）通过合理饲养、科学管理提高羊只健康，可有效预防羊小反刍兽疫的发生。

（2）加强引种管理，引入羊只须隔离观察30 d以上，确保健康后才能混群饲养。

（3）足月龄羊只即接种疫苗。使用小反刍兽疫病毒弱毒疫苗每年注射1次；使用小反刍兽疫灭活疫苗需要加强免疫，首免后21 d进行二次加强免疫，以后每半年免疫1次。采用颈部皮下注射方式。

（4）羊小反刍兽疫属于国家一类动物疫病，发生疫情时，应立即报告，在严格指导下进行患病羊隔离、消毒。

（5）该病没有特效治疗药物和方法，一旦确诊须立即扑杀处理。

6.1.3　主要寄生虫病的防治

6.1.3.1　羊球虫病

羊球虫病主要由球虫引起，最容易感染山羊的是雅氏艾美尔球虫，最容易感染绵羊的是阿氏艾美尔球虫。球虫主要寄生在羊的肠道中，会引起羊只食欲不振、体重降低、被毛粗乱、腹泻胀肚等症状。

（1）合理搭配饲料营养，防止发霉、变质。

（2）保证水源干净、卫生，避免饮用可能含有寄生虫卵的污水、死水。

（3）保证羊舍具备良好的温湿度、通风、采光条件，定期消毒消灭虫卵。

（4）及时清除圈舍的粪污，运送到指定地点堆积发酵。

（5）治疗患病羊，使用25 mg/kg体重氨丙啉口服14～19 d，或使用20 mg/kg体重妥曲珠利进行混合饲喂，每日1次，连用14 d。

6.1.3.2　羊线虫病

羊线虫病主要由捻转血矛线虫、食道口线虫、仰口线虫等线虫引起，感染后会破坏羊只消化道健康，造成患病羊营养不良，严重腹泻，采食降低，生产性能下降。

（1）优化饲养环境，保证圈舍的干燥通风、清洁卫生。

（2）做好饮水的清洁卫生，避免饮水中出现线虫病原。

（3）治疗患病羊，可使用5～7.5 mg/kg体重芬苯达唑口服或混合饲喂，或使用7.5 mg/kg体重盐酸左旋咪唑片灌服，或使用5～10 mg/kg体重阿苯达唑片口服，或使用0.1 mg/kg体重伊维菌素口服，0.1～0.2 mg/kg体重伊维菌素皮下注射。

6.1.3.3　羊肝片吸虫病

羊肝片吸虫病是由肝片吸虫寄生在羊胆管或胆囊中引起羊急性或慢性肝炎、胆囊炎，并伴发全身性中毒和营养障碍的一种寄生虫性传染病。

（1）定期驱虫。春、秋季各进行1次驱虫，每次驱虫间隔7 d左右。驱虫药物种类较多，可使用4～6 mg/kg体重硝氯酚口服，或使用80～120 mg/kg体重科里班药物口服。

（2）粪便进行堆肥发酵，患病羊肝脏进行无害化处理。

（3）流行区采取消灭中间宿主（椎实螺）的措施。

（4）治疗患病羊，可使用10 mg/kg体重碘醚柳胺口服，间隔7 d再次用药，或使用0.2 mL/kg体重5%氯氰碘柳胺钠注射液肌内注射，间隔7 d再次用药，或使用10 mg/kg体重阿苯达唑片口服，间隔4 d再次用药。

6.1.3.4　羊螨病

羊螨病是由痒螨与疥虫寄生在羊只皮肤表面或者表皮下引起的寄生虫性传染病，对绵羊危害严重。患病羊由于皮肤痒进行擦痒，引起表皮损伤和被毛脱落。

（1）加强检疫工作，对新引入的羊进行隔离观察，确认无病后再混群。

（2）保证养殖环境的干燥、清洁、空气流通、日照充足，定期对圈舍和用具进行消毒。

（3）每年定期对羊进行药浴，药浴时间一般在剪毛7 d后，间隔7 d进行第二次药浴，可使用巴胺磷或螨净等药物溶液进行。

（4）对疑似患病羊只进行隔离、治疗。皮下注射伊维菌素，每7 d注射1次，每次药物用量为0.02 mL/kg体重。

6.1.3.5　羊虱病

羊虱病是一种慢性皮肤病，由羊虱寄生在羊的体表引起，感染后造成羊只被毛粗乱、生长缓慢。

（1）改善羊舍卫生环境条件，定期打扫、消毒。

（2）定期驱虫。使用0.5%敌百虫水溶液，或20%蝇毒磷溶液进行药浴或喷雾，每年2次。

（3）定期检查，发现患羊立即隔离、治疗。针对3月龄以上羊只可使用0.01～0.02 mL/kg体重伊维菌素皮下注射，或将1 mL 2.5%溴氰菊酯乳油稀释至3 L水中，进行药浴。

6.1.3.6　羊鼻蝇蛆病

羊鼻蝇蛆病是一种由羊鼻蝇的幼虫寄生在羊的鼻腔和鼻窦内引起的寄生虫性传染病，以脓性鼻漏、呼吸困难、打喷嚏等为主要特征。消灭羊鼻蝇蛆比较困难，要以"防重于治"的原则。

（1）及时更换垫料和清理粪污，定期消毒，消灭羊圈墙角、阴暗处的蛆蛹。

（2）在流行季节，可将诱蝇板放置于圈舍墙壁及周围，诱杀羊鼻蝇。

（3）针对患病羊，可使用敌百虫、来苏尔、敌敌畏等进行喷鼻、气雾、熏蒸治疗，或使用0.2 mg/kg体重伊维菌素注射液皮下注射。

6.1.4　主要普通病的防治

6.1.4.1　瘤胃积食

瘤胃积食是肉羊养殖中的一种常见普通病，与运动不足和过量饲喂有关，患病后造成羊只瘤胃功能障碍，影响羊只健康和生长。

（1）强化日常饲喂管理，管控饲喂量避免过食。严格把关饲料质量和饲草品质，避免突然更换饲料与饲喂方式。

（2）饮水应充足，适当运动。

（3）针对患病羊，可禁食1～2 d，保证充足饮水，并进行瘤胃按摩，每次按摩20分钟，间隔2 h进行1次。或进行洗胃治疗，将导管插入瘤胃促使内容物排出。或药物注射促进瘤胃蠕动，使用25 mL B族维生素注射液肌内注射，每日1～2次；或使用100～200 mL 10%氯化钠注射液、5～10 mL 10%安钠咖注射液混匀静脉注射，每日1次；或使用2～5 mL甲硫酸新斯的明注射液肌内注射，每日1次。

6.1.4.2　瘤胃臌气

瘤胃臌气是羊只采食大量易发酵产气饲料，引发的以瘤胃快速膨胀为主要特征的消化系统疾病。

（1）制定标准化饲喂管理制度，做到定量、定时饲喂，避免过食。保证饲料质量，禁止饲喂冰冻、霉变饲料，不可突然换料。

（2）设置运动场，运动场面积以羊舍的2～3倍为宜。

（3）放牧前，先饲喂适量粗饲料，防止羊群贪食鲜嫩多汁牧草，避免在潮湿、有雨水或有露水的草地上放牧。

（4）针对患病羊，以排气消胀、恢复瘤胃蠕动功能为治疗原则。可以选择左侧腹部瘤胃膨胀最高点，进行瘤胃穿刺释放气体；一次性灌服250 mL食用油类或5 g二甲基硅油；臌胀消除后，禁食2～3 d，必要时给予健胃剂。

6.1.4.3 母羊产后瘫痪

产后瘫痪是一种母羊代谢性疾病，一般发生在母羊分娩前后，与分娩前后血钙含量大幅度下降和钙磷缺乏有关，患病母羊站立不稳、行走左右摇摆、采食量下降，严重的导致母羊死亡。

（1）科学搭配饲料，保证饲料营养价值全面，特别注意饲料钙磷元素添加量及比例，适当增加维生素D的添加量。

（2）做好圈舍防寒保暖工作，保证母羊有充足运动量。

（3）针对患病羊，可使用0.44～0.88 mL/kg体重2.28%硼葡萄糖酸钙溶液口服；或40 mL 3%氯化钙注射液静脉注射，每日2次；或60 mL 10%葡萄糖酸钙注射液静脉注射，每日1次。母羊补钙后，应及时补充磷，可使用10片磷酸氢钙片口服，每日1次。

6.1.4.4 母羊产后无乳

产后无乳与母羊体况过肥或过瘦、乳腺功能不佳、运动缺乏和患病有关。

（1）母羊妊娠期要加强营养的供给，可根据配种前母羊的实际体况确定营养的供给，维持较为适宜的体况。保证饲料品质，避免饲喂冰冻、霉变饲料，不突然更换饲料，保证饮水清洁卫生。

（2）注意增加母羊的运动量。

（3）及时淘汰泌乳性能差的母羊，严格青年母羊初配时间。

（4）注意圈舍环境卫生，定时清粪消毒。

（5）加强母羊分娩前后管理，保持羊体卫生，避免感染引发乳腺疾病。

（6）针对患病羊，可使用2～4 mL己烯雌酚皮下注射，每日1次，连续用药7～8 d；可配合乳房热敷按摩，每次20～30 min，每日3～4次。

6.1.4.5 母羊子宫内膜炎

母羊子宫内膜炎是由大肠杆菌、链球菌、葡萄球菌等病菌进入子宫引起的，与母羊难产助产、子宫脱出整复、人工输精时操作不慎等有关，患病后危害母羊生殖系统，导致母羊不孕、死胎、流产等情况。

（1）保持饲养环境的清洁，定期清理和消毒圈舍。

（2）加强母羊难产助产、子宫脱出整复、人工输精时等操作时的消毒工作。

（3）针对患病羊，可使用子宫冲洗配合抗生素和激素治疗。子宫冲洗液可以使用0.02%~0.05%高锰酸钾液或0.01%~0.05%新洁尔灭溶液或0.1%雷佛诺尔，温度40℃左右。使用80万IU青霉素、100万IU链霉素肌内注射，每日或隔日1次，用药5~7次。使用50~70IU促卵泡生成素肌内注射，每日1次，用药2~3次。

6.2 个体健康监测

动物健康直接关系到经济效益、动物福利和食品安全。病羊的临床表现为采食饮水、姿态与交互行为、呼吸频率以及体温等基本行为状态异常，人工往往无法持续有效监测并及时准确地得到羊个体信息，且存在耗时长和易感染人畜共患疾病等问题。国内外众多学者试图利用计算机视觉技术实现自动化在线异常监测，基本思路是量化动物的基本行为状态，并将量化参数与正常值比较来鉴别异常个体。

6.2.1 体温监测

体温变化是反映羊健康状况的重要指标，正常体温能够促进机体新陈代谢及生命活动。体温异常是大部分细菌性和病毒性传染病的重要警示，对羊进行体温监测和分析能尽早发现疫病，可及时通知养殖人员处理，减少养殖企业的经济损失。羊体温是指机体深部温度，传统体温测量采用接触式直肠测量法，使用水银体温计或电子测温计进行直肠测温，测温时间长、费力，易引起羊只应激反应，无法开展群体批量化体温测量。随着数字化、自动化测温技术的发展，畜禽养殖行业开始应用自动化测温技术开展畜禽体温检测。在体温自动检测中，主要有体内植入式、体外接触式和体外非接触式3种测温方式，其优缺点见表6-1。

表6-1　3种测温方法对比

方法	设备	优点	缺点
体内植入式	微芯片、胶囊、瘤胃丸、无线遥测微系统等	准确性、稳定性、实时性高	信号传导难度大、易造成动物体内不适、植入难度较大
体外接触式	热敏电阻、数字温度传感器、热电偶、温度传感器耳标等	成本低、操作简单、灵敏度高	固定困难、适应性差
体外非接触式	红外传感器、红外热成像仪、红外线体温计等	无创测温、速度快、测温范围广	受环境影响大、实时性差

体内植入式测温方法将测温装置植入动物体内（如消化道、生殖道、皮下），检测

到的温度数据通过电磁信号发送至体外接收器，可分为植入式传感器技术、植入式微芯片技术以及其他技术等。由于皮下体温与核心体温具有极好的一致性，植入式温敏微芯片通常植入羊皮下（臀肌或颈下）获取温度，通过无线遥测技术收集温度数据。此外，通过RFID与植入式测温相结合，大幅度提升数据传输的效率及准确率。

体外接触式体温监测是通过传感器等电子设备与动物身体部位相接触，依靠传感器技术来获取动物的体温信息，即通过电器元件的电气参数检测温度变化实现体温信息检测。传感器的选择主要有热敏电阻、热电偶以及数字温度传感器等。传感器的安装以及测温部位的选定会影响测温准确性。大部分羊全身被毛，温度传感器较难找到最佳位置固定，且受日常行为的影响，往往容易脱落。

体外非接触式测温方式包括热红外测温、超声波测温、激光测温等。由于红外测温的便携性以及低成本等因素，国内外更偏重于热红外测温方式。红外热成像仪是一种成像测温设备，物体以电磁波的形式向外辐射能量，不同物体的红外辐射强度不同。红外热成像的原理是利用目标与周围环境的温度和发射率的差异，产生不同的热梯度，呈现出红外辐射能量密度分布图，即"热图像"。红外热成像羊体温检测方法见图6-1。

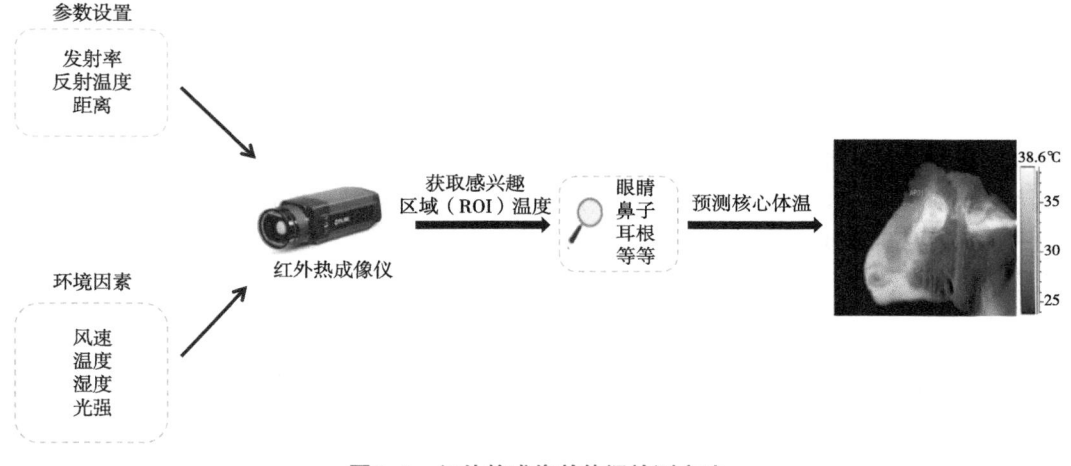

图6-1　红外热成像羊体温检测方法

6.2.2　咳嗽声音监测

羊出现咳嗽症状与疾病、环境胁迫等因素密切相关，如肺炎或呼吸道炎症、线虫或羊鼻蝇病、外伤性肋骨骨折、创伤性心包炎等。因此，通过监测羊咳嗽声可以进行疾病预警和健康状况诊断。国内学者针对这一领域进行了初步探索，主要借助声音分析手段，寻找呼吸特征提取方法，避免传统人工观察的局限性。宣传忠等对杜泊羊的咳嗽声信号进行自动采集和计算机识别，在不增加羊咳嗽声特征参数维数的前提下，提出一种改进的梅尔频率倒谱系数（MFCC），试验结果表明，该参数和短时能量、过零率组合的14维特征参数，其识别率、误识别率和总识别率分别达到了86.23%、7.17%和88.43%，该组合特征参数经主成分分析可降到9维，而通过BP神经网络改善的HMM咳嗽声识别系统，对咳嗽声的识别率、误识别率和总识别率分别达到了92.54%、5.37%和95.04%，满足了杜泊羊咳嗽声识别的要求。

6.2.3　生理指标监测

心率、血压、激素水平等生理指标能够反映动物机体生理状态和代谢水平。传统监测方法都是人工监测，如心率测量是以听诊的方式，具有主观性和一定误差。除传统监测方法，还有体内植入式方法。郭子平提出了基于无线能量传输技术的植入式动物生理参数遥测系统的设计方案，系统由无线能量传输设备、植入式微型电子胶囊、体外数据记录仪和数据处理软件组成，无线能量传输设备能够为植入式微型电子胶囊供能，从而避免了频繁更换电池给动物带来的痛苦；植入式微型电子胶囊能够检测动物的心电、血压和体温3项生理参数信号，通过无线方式将测得的数据发射至体外；体外数据记录仪无线接收、存储和显示数据；数据处理软件读取、处理记录仪存储的数据，并绘制生理参数波形。龚毅光等研发了一种动物心率监测系统以及基于神经网络的心率状态识别方法，将智能终端穿戴在动物身上，可实时采集并远程监测动物心率，该发明可排除动物种类、年龄、运动状态等差异，不用植入芯片避免动物不适，真正做到精准有效地监测目标。

6.2.4　采食监测

采食行为是主要的羊日常行为，通过监测羊只采食量能够了解其生长状态，及时发现异常个体以及淘汰发育不良的对象。目前规模化养羊场对采食行为的监测主要依靠相关传感器实现。Sheng等采集绵羊采食声片段，从每个咀嚼声片段中提取7个解释变量，通过训练一个基于高斯核函数的支持向量机分类器来识别绵羊的咀嚼声音片段。Milone等通过HMM算法建立声学分类模型，识别绵羊的咀嚼和咬合声音。Duan等进一步将HMM算法与长短的记忆网络结合，以声音为基础对采食行为进行检测，完成羊采食量估测。张春慧等采用三轴加速度传感器对羊只活动时的三轴加速度数据进行采集，建立由BP神经网络和卷积神经网络相结合的羊只牧食行为识别模型，实现对羊只采食、咀嚼、反刍3种牧食行为的识别。

6.2.5　姿态与交互行为监测

动物个体的躺卧姿态和动物间交互行为是反映其生长状态的积堆直观指标之一。生理异常会呈现萎靡、焦躁或呆板等状态，环境应激也会导致积堆、攻击和张嘴等行为。姿态与交互行为监测主要分为运动传感器监测和摄像头监测。运动传感器监测主要用于监测被测对象的运动状态，可测量与运动相关的位移、速度、加速度等物理量。Cui等设计了基于Arduino开源平台的三轴加速度计用于测量和记录活羊运动及其行为状态（图6-2）。

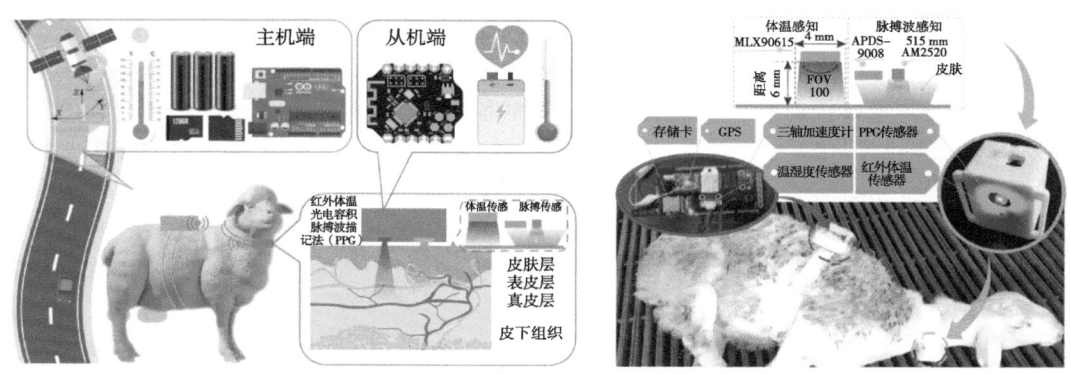

图6-2 基于Arduino开源平台的活羊监测

王磊等发明了一种牛羊健康状态实时监测的方法,其通过行走姿态监测摄像头、毛皮检测摄像头、红外线体温检测分别检测牛羊的行走姿态是否正常,毛皮是否出现发炎和皮毛稀少的问题,体温是否异常。发明的系统流程见6-3。

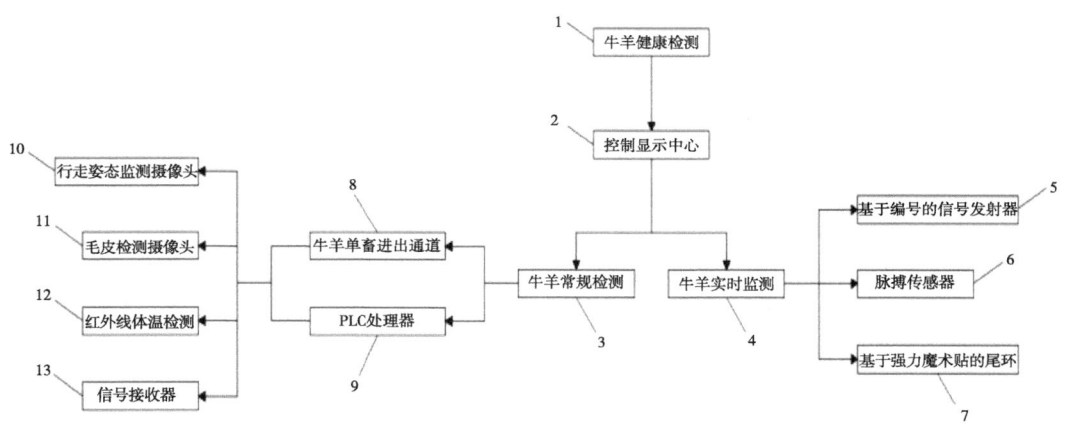

图6-3 发明的系统流程

6.2.6 面部表情监测

羊场疾病的监测是羊日常管理的重中之重。当羊生病时,会出现食欲缺乏、行为异常、面部痛苦等特征。传统上,羊的疾病主要靠人工巡视监测,不能及时发现羊的异常状态。因此,可以运用计算机视觉技术实时监测羊的面部表情特征,及时预警异常状态的羊,防止因延迟发现病羊而造成疾病传播所带来的经济损失。

观察发现病羊的面部表情会发生变化。为了识别羊面部的痛苦表情,McLennan等提出了一种标准化的绵羊面部表情疼痛量表SPFES,可以准确理解绵羊的痛苦表情。Hutson等通过人工智能来识别绵羊面部表情的自动评估技术,先手动标记了480只绵羊面部的表情特征,包括鼻孔变形、每只耳朵的旋转和每只眼睛宽窄程度,后建立模型用于识别5种面部表情，并评估其是否处于疼痛状态，以及疼痛的极端程度。Lu等提出了一种多层次的方法来实现绵羊的面部表情识别，运用Viola-Jones目标检测框架用于羊的正脸检测，采用级联姿态回归方法实现羊的面部标志点（耳朵、眼睛、鼻子）检测，运用基于特征的归一化方法对耳、眼、鼻进行归一化处理，通过方向梯度直方图来实现绵羊面部表情特征的描述，将支持向量机应用于疼痛水平的估计，但是该方法仅考虑到羊的正脸部分，未考虑到不同姿势的羊脸的面部表情。Sun等通过运用卷积神经网络构建羊面部表情疼痛量化表，在进行羊脸表情训练前，通过中值滤波器处理技术消除高斯和脉冲噪声，利用残差学习去噪卷积神经网络去除高斯噪声，通过使用VGG16、ResNet模型用于5种面部表情，分别得到了100%、85%的准确率，通过对羊的面部表情识别，可以及时发现病羊。

通过计算机视觉技术可以实时监测羊的状态，可以减轻养殖人员劳动强度。但目前运用计算机视觉技术在羊疾病监测方面的研究较少处于初步探索阶段，未来，可将该技术应用于监测羊的采食行为、姿态与交互行为等。

6.3　健康管理技术

6.3.1　环境管理

利用羊智慧养殖管理系统中实景监控功能实现环境监测。通过实时监测和分析羊舍内温度、湿度、光照和有害气体浓度，确保养殖人员采取有效措施管理羊舍环境。

温度是影响肉羊健康与生产性能的重要环境因素之一，也是影响最大的因素。温度对羊只健康与生产性能的影响主要体现在两个方面，一是通过影响机体热平衡的直接作用，二是通过影响舍内细菌滋生、粪便发酵分解产生有害气体的间接作用。影响机体热平衡的直接作用体现在，当羊只处于舒适温度区时，仅依靠物理调节、不改变能量代谢途径就可以达到机体热平衡，这时羊只的生产潜力可以达到最大发挥；当环境温度超出羊只舒适温度区但未超出可适应温度区时，羊只受到冷热应激，需要物理调节和改变能量代谢途径才能达到机体热平衡，这时羊只健康状况和产肉性能受到影响；当环境温度进一步变化，超出羊只可适应温度区，超过温度限值时，羊只机体体温调节能力已不能满足需要，造成羊只机能损伤，严重者还会导致羊只死亡。相对来说，羊只对低温的承受能力要比高温大的多。影响有害气体产生的间接作用体现在，当舍内温度升高时，舍饲环境下湿度也相应增大，造成微生物活动加速，加速分解排泄物、垫料、饲料等产生氨气、硫化氢等有害气体。因此要做好羊舍环境温度监测，冬季做好防寒保暖工作，夏季做好防暑降温工作。

湿度是影响肉羊健康与生产性能的另一个重要环境因素。湿度会对羊只体表散热造成影响，从而干扰羊只机体热平衡。湿度对羊只热调节的影响与舍内温度有关。在低温环境中，由于潮湿空气导热性强，羊只体表散热增加，易患感冒、关节炎和肌肉炎等疾病。在高温环境中，高湿产生的协同效应更加明显，散热会更加困难，造成羊只呼吸困难、皮肤充血，体温进一步升高，造成羊机能损伤，甚至会导致死亡。另外羊舍湿度过大，易导致病原微生物大量增繁，增加了羊群患病的概率，体外寄生虫病、腐蹄病等疾病的发病率也会明显升高。因此同样要做好羊舍环境湿度监测，通过通风换气、及时清粪、勤换垫料等手段避免舍内湿度过大。不同季节7日龄以上羊只舍饲环境温湿度控制见表6-2。

表6-2 不同季节舍饲肉羊环境温湿度控制表

季节	舒适温度（℃）	可适应温度（℃）	温度限值（℃）	适宜相对湿度（%）	相对湿度限值（%）
春季	15 ~ 25	0 ~ 30	≥-10，≤30	45 ~ 65	≥20，≤90
夏季	22 ~ 28	5 ~ 34	≥5，≤35	45 ~ 65	≥20，≤85
秋季	18 ~ 25	5 ~ 30	≥3，≤32	45 ~ 65	≥20，≤85
冬季	15 ~ 23	0 ~ 28	≥-40，≤30	45 ~ 65	≥20，≤90

光照除影响肉羊的季节性繁殖外，对其生长发育和增重也有一定影响。绵羊和山羊都是短日照发情动物，光照时间对羔羊性成熟、公羊性欲和精液质量以及母羊发情率和受胎率均有影响，实施先长后短的光照处理可以提高公羊性欲和精液质量以及母羊发情率和受胎率，其机理主要与褪黑激素的分泌有关。另外，光照对肉羊生长速度也有一定影响。研究表明，在相同日粮和饲养管理条件下，缩短光照时间可提高羊只采食量和增重速度。但是，光照条件过差会导致肉羊的生长发育受阻、增重变慢，需将羊群驱赶至运动场接受阳光照射或对羊舍进行人工补光。

肉羊养殖生产中产生的有害气体主要包括氨气、硫化氢、二氧化碳和甲烷。氨气无色，具有强烈刺激气味，由于易溶于水，与羊只呼吸道黏膜接触，会造成组织损伤、黏膜充血、红肿，引发呼吸系统等疾病，羊舍内的氨气主要来源于微生物对粪便中碳水化合物、蛋白质和脂肪的分解。硫化氢无色，具有臭鸡蛋气味，易溶于水和乙醇，长期暴露于硫化氢环境中可能会导致呼吸疾病、眼病以及神经系统疾病，羊舍内的硫化氢主要来源于微生物对粪便中含硫有机物的分解。二氧化碳无色、无臭，是体内正常有氧呼吸和无氧酵解的终产物，本身无毒性，但舍内浓度过高会造成缺氧，诱发二氧化碳慢性中毒，会出现呼吸困难、食欲减退、体质下降、生产性能降低、抗病力减弱等情况。一般情况下，舍内二氧化碳浓度增加，其他有害气体浓度也随之升高。因此，二氧化碳浓度也作为监测空气污染程度的可靠指标。舍内有害气体浓度高低与动物（种类或生理阶段、日粮、密度及体重、动物活动等）、环境因素（温度、湿度及风速等）、粪污清理及饲养管理方式等有关，通风不佳、管理不善会使造成有害气体不断蓄积。因此，要做好羊舍有害气体监测，及时采取有效管理措施。不同季节肉羊舍饲有害气体控制见表6-3。

表6-3 不同季节肉羊舍饲有害气体控制表　　　　　　单位：mg/m^3

季节	氨气	硫化氢	二氧化碳
春季	≤25	≤8	≤2 000
夏季	≤20	≤6	≤1 500

（续表）

季节	氨气	硫化氢	二氧化碳
秋季	≤20	≤6	≤1 500
冬季	≤20	≤8	≤2 000

6.3.2　疾病防疫

随着羊肉需求量的快速增长以及禁牧休牧、草畜平衡制度的实施，肉羊养殖逐渐由放牧向规模化、集约化和标准化的舍饲发展。饲养方式和条件发生了变化，羊群密度相应增加，羊群患病的风险也同时加大。因此，应针对羊只易患的细菌性传染病、病毒性传染病及寄生虫性传染病等疾病，以"预防为主，防重于治"的原则，加强防疫，做到早预防、早发现、早治疗。疾病防疫利用羊智慧养殖管理系统中疾病、免疫流程管理、检疫流程管理、驱虫消毒4个部分功能实现。

6.3.2.1　疾病

羊疾病容易发生的一个主要原因是羊为群居动物，养殖环境和饲养管理技术水平的差异会使羊病临床表现不同，因此，需要养殖人员和相关技术人员对各种羊疾病的表现形式和病因进入深入分析和了解。疾病分类：系统录入了不同分类（包括消化疾病、代谢疾病、乳房疾病、肢蹄疾病、呼吸疾病、其他疾病等）、疾病名称（包括胃胀、营养代谢、无乳症、腐蹄症、呼吸道感染、食欲不振、传染性脓疱、脑膜脑炎、拉稀、羔羊硬瘫等）。

选择"请选择分类"，输入"疾病名称"，查询疾病分类信息（图6-4）。

图6-4　查询疾病分类信息

点击"添加",选择"疾病类型",输入"疾病名称",添加疾病名称(图6-5)。

疾病记录:羊只发生疾病后,养殖人员通过手持端对发病羊"编号""圈舍""耳号""疾病名称""发病时间""疾病详细名称""体温""心跳""呼吸""主要症状""病因""处置""兽医姓名"等信息记录上传。为后期疾病再次发生的判别和处理提供参考。

选择"羊耳号""疾病时间",查询羊只疾病记录(图6-6)。

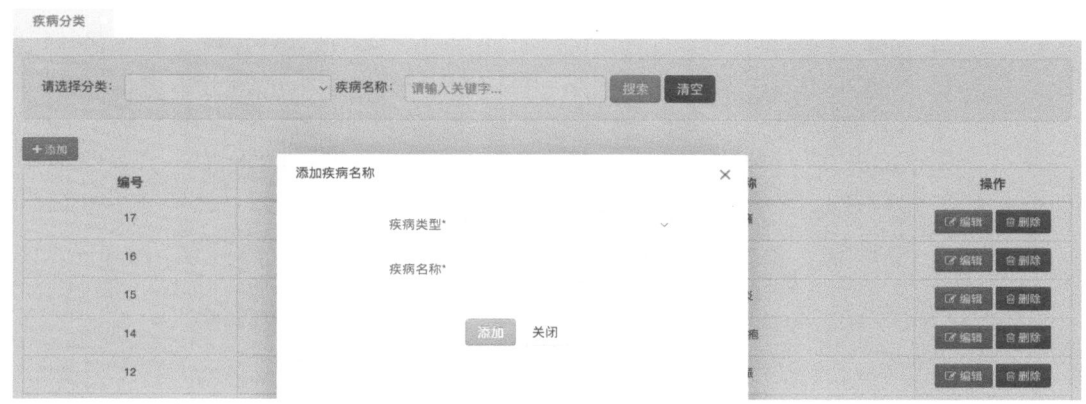

图6-5 添加疾病名称

图6-6 查询羊只疾病记录

点击"添加",选择"圈舍""耳号""疾病分类""疾病名称",输入"疾病日期""疾病详细名称""体温""心跳""呼吸""症状""病因""处置",添加羊只疾病记录(图6-7)。

图6-7　添加羊只疾病记录

6.3.2.2　免疫流程管理

　　免疫计划：免疫计划系统录入了常见免疫名称（包括羔羊腹泻、山羊痘、羊链球菌病、山羊口疮病、口蹄疫感染，由绵羊肺炎支原体引起的传染性胸膜肺炎、羊快疫、猝疾、肠毒血症、羊炭疽、布鲁氏菌病）、疫苗名称、使用剂量、免疫周期、时间等相关信息，降低了操作人员工作难度，形成了适用的免疫防疫程序。

　　输入"免疫名称"关键字，查询免疫计划信息（图6-8）。

免疫计划

免疫名称：　请输入关键字...　　　搜索　清空

+ 添加

编号	免疫名称	疫苗名称	使用剂量	免疫周期	时间	操作
43	羔羊腹泻	口服土霉素	120 ml	每月	15号	编辑 删除
42	山羊痘	山羊痘活疫苗	100 ml	每年	02-21	编辑 删除
39	羊链球菌病	羊链球菌氢氧化铝活苗	50 ml	每周	星期日	编辑 删除
38	山羊口疮病	山羊口疮病	58 ml	每周	星期一	编辑 删除
19	口蹄疫感染	口蹄疫疫苗	80 ml	每年	02-07	编辑 删除
17	由绵羊肺炎支原体引起的传染性胸膜肺炎	羊肺炎支原体氢氧化铝活苗	80 ml	每年	02-06	编辑 删除
16	羊快疫、猝疾、肠毒血症	羊厌气菌氢氧化铝甲醛五联灭活苗	70 ml	每年	11-14	编辑 删除
15	羊炭疽	第Ⅱ号炭疽芽胞苗	63 ml	每月	8号	编辑 删除
12	布鲁氏菌病	布氏杆菌羊型疫苗	60 ml	每年	10-22	编辑 删除

图6-8　查询免疫计划

点击"添加",输入"免疫名称""疫苗名称""使用剂量",选择"单位""免疫周期",添加免疫计划(图6-9)。

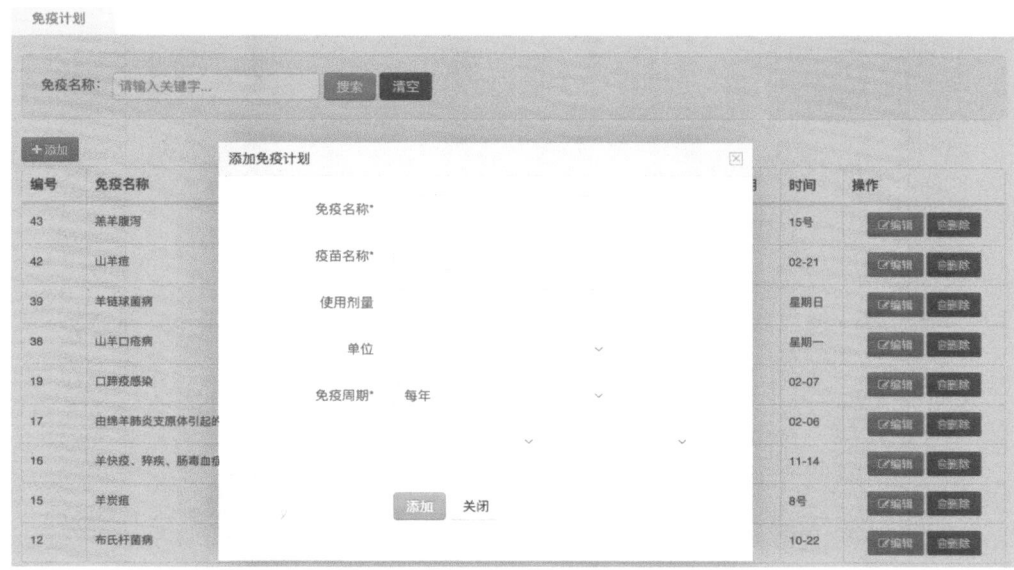

图6-9 添加免疫计划

免疫羊只:系统对需要免疫操作羊只进行分析后向操作人员下达操作指令,操作人只需按照指令找到对应羊舍、羊只,按照规定剂量、时间方法进行操作。降低操作人员工作难度。

选择"羊耳号""免疫时间",查询免疫羊只信息(图6-10)。

免疫羊只

编号	所属羊舍	羊耳号	免疫时间	免疫计划名称	疫苗名称	使用剂量	免疫方法	操作人	操作
262	羊舍2	100001	2021-08-16	防布氏杆菌病	布氏杆菌病羊型疫苗	60	注射	张柱	删除
261	羊舍A1	10007	2021-08-13	预防由绵羊肺炎支原体引起的传染性膜肺炎	羊肺炎支原体氢氧化铝灭活疫苗	80	其他	张柱	删除
260	羊舍B5	10021	2020-11-09	羔羊腹泻	口服土霉素	12	口服	张柱	删除
259	羊舍B3	10004	2020-11-27	预防由绵羊肺炎支原体引起的传染性膜肺炎	羊肺炎支原体氢氧化铝灭活疫苗	12	其他	张柱	删除
258	羊舍A4	10001	2020-11-26	防布氏杆菌病	布氏杆菌病羊型疫苗	12	注射	张柱	删除
257	羊舍A5	10018	2020-09-30	预防羊炭疽	第II号炭疽芽胞苗	21	注射	勤农畜牧兽医	删除

图6-10 免疫羊只

点击"添加"，选择"免疫计划名称""免疫方法""免疫时间""免疫方式""所属羊舍""羊耳号"，添加免疫羊只信息（图6-11）。

图6-11　添加免疫羊只信息

6.3.2.3　检疫流程管理

养殖过程中操作人在完成羊只防疫操作（注射疫苗或口服药物等）后，通过手持端对该羊"所属羊舍""羊耳号""检疫时间""检疫计划名称""疫苗名称""使用剂量""检疫方法""操作人"等相关信息记录上传，形成任务反馈，最终汇总信息。

选择"羊耳号""检疫时间"，查询羊只检疫流程（图6-12）。

编号	所属羊舍	羊耳号	检疫时间	检疫计划名称	疫苗名称	使用剂量	检疫方法	操作人	操作
418	羊舍2	100001	2021-08-16	防布氏杆菌病	布氏杆菌病羊型疫苗	60	观察	张柱	删除
417	羊舍C6	10059	2020-11-27	预防羊炭疽	第Ⅱ号炭疽芽胞苗	21	其他	张柱	删除
416	羊舍A4	10001	2020-11-26	防布氏杆菌病	布氏杆菌病羊型疫苗	12	观察	张柱	删除
415	羊舍A4	10492	2020-11-10	预防羊炭疽	第Ⅱ号炭疽芽胞苗	21	观察	勐衣畜牧管理员	删除
414	羊舍A4	10476	2020-11-10	预防羊炭疽	第Ⅱ号炭疽芽胞苗	21	观察	勐衣畜牧管理员	删除
413	羊舍A4	10450	2020-11-10	预防羊炭疽	第Ⅱ号炭疽芽胞苗	21	观察	勐衣畜牧管理员	删除
412	羊舍A4	10422	2020-11-10	预防羊炭疽	第Ⅱ号炭疽芽胞苗	21	观察	勐衣畜牧管理员	删除
411	羊舍A4	10419	2020-11-10	预防羊炭疽	第Ⅱ号炭疽芽胞苗	21	观察	勐衣畜牧管理员	删除

图6-12　查询羊只检疫流程

点击"添加"，选择"检疫计划名称""检疫方法""检疫时间""检疫方式""所属羊舍""羊耳号"，添加羊只检疫流程（图6-13）。

图6-13　添加羊只检疫流程

6.3.2.4　驱虫消毒

舍饲养羊期间，羊体常常要受到不同寄生虫的威胁，而诱发各种体内或体表寄生虫性传染病，影响养羊生产效益。为此，驱虫管理应得到重视，制定严格的驱虫制度，定期组织驱虫，以避免轻度感染后的进一步扩散。预防性驱虫，每年春、秋季要各例行1次。可选择的驱虫药物很多，但是应根据感染病情选择合适的药物防治。舍饲养羊卫生条件差，是各种疾病流行的根本诱因。为此，有必要进行场内环境清洁消毒工作。首先，建场初期，优化消毒卫生设施，配齐消毒设备。其次，建址要远离污染区，选择高燥地区，同时注意交通便利。最后，落实消毒制度，并能强化坚持下去。舍内用具、墙壁、内外环境等要全面消毒，运动场、舍内每周消毒1次。全面彻底的消毒，每年要做到1次，并配合"全进全出"制度。消毒药物以氢氧化钠、百毒净等为首选，注意不同药物的轮换，避免耐药性的产生。

驱虫记录：操作人员对羊只进行驱虫后，使用手持端将羊只"所属羊舍""羊耳号""驱虫时间""驱虫名称""驱虫方法""药品""兽医名称"记录上传，建立羊只驱虫记录，实时反馈驱虫情况，形成驱虫时间表，严格执行预防寄生虫病的发生。

选择"羊耳号""驱虫时间"，查询羊只驱虫记录（图6-14）。

驱虫记录

| 羊耳号: | 全部 | ▼ | 驱虫时间: | 请选择时间段 | | 搜索 | 清空 |

+添加

编号	所属羊舍	羊耳号	驱虫时间	驱虫名称	驱虫方法	药品	兽医名称	操作
687	羊舍2	100001	2021-08-16	螨虫	肌肉注射	阿魏酸哌嗪片	张柱	删除
686	羊舍15	10008	2021-08-13	螨虫	肌肉注射	艾司唑仑注射液	张柱	删除
685	羊舍A4	10001	2020-11-26	螨虫	口服药物	阿魏酸哌嗪片	张柱	删除
684	羊舍8	10017	2020-11-10	螨虫	口服药物	阿昔洛韦注射液	勤农畜牧管理员	删除
683	羊舍8	10498	2020-11-02	螨虫	口服药物	阿昔洛韦注射液	勤农畜牧管理员	删除
682	羊舍8	10497	2020-11-02	螨虫	口服药物	阿昔洛韦注射液	勤农畜牧管理员	删除
681	羊舍8	10494	2020-11-02	螨虫	口服药物	阿昔洛韦注射液	勤农畜牧管理员	删除

图6-14 查询羊只驱虫记录

点击"添加",选择"驱虫时间""驱虫名称""驱虫方法""驱虫药品""驱虫方式""所属羊舍""羊耳号",添加羊只驱虫记录（图6-15）。

图6-15 添加羊只驱虫记录

消毒方案管理：操作人员对羊舍进行消毒后，通过手持端将"羊舍""消毒时间""药品""相关人姓名"等信息进行记录上传，建立羊舍消毒记录，实时反馈消毒情况，形成消毒时间表，严格执行预防寄生虫病的发生。

选择"所属舍""消毒时间",查询消毒信息(图6-16)。

图6-16 查询消毒信息

点击"添加",选择"羊舍""消毒时间""消毒药品",输入"消毒人姓名",添加消毒记录(图6-17)。

图6-17 添加消毒记录

参考文献

龚毅光,阮峰,张雅男,等,2018.动物血压监测系统以及基于机器学习的血压状态识别方法[P]. 江苏：CN108065924A，2018-05-25.

郭子平，2012. 基于无线能量传输技术的植入式动物生理参数遥测系统研究[D]. 上海：上海交通大学.

王磊，马斌，田春花，等，2003. 一种牛羊健康状态实时监测的方法[P]. 甘肃：CN116269339A，2023-06-23.

谢秋菊，刘学飞，郑萍，等，2022. 畜禽体温自动监测技术及应用研究进展[J]. 农业工程学报，38（15）：212-225.

宣传忠，武佩，张丽娜，等，2016. 羊咳嗽声的特征参数提取与识别方法[J]. 农业机械学报，47（3）：342-348.

张春慧，宣传忠，于文波，等，2021. 基于三轴加速度传感器的放牧羊只牧食行为研究[J]. 农业机械学报，52（10）：307-313.

CUI Y，ZHANG M，LI J，et al.，2019. WSMS：Wearable stress monitoring system based on IoT multi-sensor platform for living sheep transportation[J]. Electronics，8（4）：441.

DUAN G H，ZHANG S F，LU M Z，et al.，2021. Short-term feeding behaviour sound classification method for sheep using LSTM networks[J]. International Journal of Agriaultural and Biological Engineering，14（2）：43-54.

HUTSON M，2017. Artificial intelligence learns to spot pain in sheep[J]. Science.

KEARTON T R，DOUGHTY A K，MORTON C L，et al.，2020. Core and peripheral site measurement of body temperature in short wool sheep[J]. Journal of Thermal Biology，90：102606.

LU Y，MAHMMOD M，ROBINSON P，2017. Estimating sheep pain level using facial action unit detection[J]. IEEE International Conference on Automatic Face & Gesture Recognition，12：394-399.

MCLENNAN K M，REBELO C J B，CORKE M J，et al.，2016. Development of a facial expression scale using footrot and mastitis as models of pain in sheep[J]. Applied Animal Behaviour Science，176：19-26.

MILONE D H，RUFINER H L，GALLI J R，et al.，2021. Couputational method for segmentation and classification of ingestive sounds in sheep[J]. Computers and Electronics in Agriculture，65（2）：228-237.

REY B，FULLER A，HETEM R S，et al.，2016. Microchip transponder thermometry for monitoring core body temperature of antelope during capture[J]. Journal of Thermal Biology，55：47-53.

SHENG H，ZHANG S，ZUO L，et al.，2020. Construction of sheep forage intake estimation models based on sound analysis[J]. Biosystems Engineering，192：144-158.

SUN S，QIN J，XUE H，2019. Sheep delivery scene detection based on faster-RCNN[C]//2019 International Conference on Image and Video Processing，and Artificial Intelligence. SPIE，11321：297-303.

第七章 羔羊智能化饲养管理

规范、科学、合理的饲养管理技术是充分发挥羊生产性能的基本条件。在实际生产中，要将羊进行分群，依据饲养模式、营养需要和饲养标准进行合理饲养，才能实现效益最大化。分群管理是进行智能化管理的基础。按照年龄和性别分群，一般可以分为羔羊、育成羊、繁殖母羊、种公羊和育肥羊。本章主要介绍智能化羔羊饲养管理技术。羔羊是指从出生到断奶的羊羔。该阶段的饲养管理要点是提高成活率，并根据生产需要培育体型良好的羔羊。

7.1 羔羊的生理特点

羔羊阶段是肉羊养殖最重要的阶段，如果此阶段羔羊的饲养管理不到位，就会造成羔羊的生长发育受阻，体质下降，易患多种疾病，甚至发生死亡，严重影响肉羊养殖的经济效益。羔羊在出生后，身体各机能发育不完善，体温调节能力较差，对低温环境较为敏感，且血液中缺乏免疫抗体，抗病能力差，发生羔羊腹泻。羔羊在出生后前胃的容积较小，瘤胃、网胃、瓣胃的发育极不完善，无任何消化能力。瘤胃内的微生物区系也没有建立完善，反刍机能不健全，只能在皱胃和小肠中进行消化。但是，羔羊阶段是生长发育速度最快的阶段，羔羊在出生2 d内的体重变化不大，此后的1个月开始快速地生长发育。因此，对营养物质的需求量也较大，如果营养供应充足，羔羊在2周龄时的活重即可以比出生时增加1倍，肉用品种羔羊的日增重可以达到300 g以上。

7.2 羔羊的智能化饲养

羔羊智能化养殖主要生产流程包括：初生羔羊护理、羔羊断尾、羔羊断奶、羔羊去势、羔羊驱虫与免疫、日常管理、羊只进群，利用羊智慧养殖管理系统完成。

7.2.1 初生羔羊护理

（1）羔羊在出生后要尽快地将口鼻内的黏液清除，将体表的黏液擦干净，然后进行断脐工作，用消过毒的剪刀将脐带剪断后，在脐带的断端使用碘酊进行涂抹或者浸泡消毒，这样可以避免致病菌通过脐带进入羔羊体内，诱发多种疾病。处理完后要将羔羊放置到温暖的地方，做好保温的工作，以免初生羔羊受凉。尽快让羔羊吃初乳，一般要求在母羊产后的30 min内吃上第一次初乳。

（2）进行羔羊称重。

（3）使用适配耳标及配套耳标钳给羔羊打耳标，打耳标前主标、辅标以及耳标钳、撞针均按照生物安全要求进行浸泡消毒。

（4）建立羔羊信息卡（图7-1），完成羔羊初生称重、打耳标等操作之后，使用智能化养殖手持端设备，点击"羊信息卡"，扫描羊只耳号或输入"羊耳号"，输入"羊品种""所属舍""羊公母""羊毛色""出生日期""出生重量""入场方式""入场日期""入场分类"，上传羊只基本信息。同时，养殖人员可通过手持端设备扫描羊只耳标或输入耳号，随时查询、更新羊只信息。

图7-1 羔羊信息卡

7.2.2 羔羊断尾

在羔羊养殖生产中，从避免尾部沉积过多脂肪、避免长尾造成被毛受粪便污染、利于母羊交配、易于肉羊育肥4个方面考虑，对羔羊进行断尾。一般以小尾寒羊（或大脂尾和短脂尾羊）为母本的杂交羊需要断尾，而小尾寒羊、大脂尾和短脂尾羊不建议实施断尾。4～15日龄羔羊可进行断尾，弱羔可适当延长至15日龄以后。断尾越早羔羊痛感越小。为便于操作人员观察和避免伤口感染，断尾操作应选择在天气晴朗的早晨进行，并做好清洁消毒工作。断尾部位宜选择在第3、4尾椎之间。可采用结扎法或热断法，相较于热断法，结扎法不流血、无开放性伤口。进行结扎法断尾时，需先将断尾处进行消毒，将尾部皮肤向尾根处撸起，将断尾专用橡胶圈固定在第3、4尾椎之间。一般经过10 d左右，羊尾逐渐因缺血萎缩至自然脱落。断尾后羔羊保证吃足奶，弱羔、保姆性不强的母羊所产羔羊还要单圈饲养7 d左右。

7.2.3　羔羊断奶

　　羔羊断奶一方面是为了使母羊进入下一个繁殖周期，另一方面则是锻炼羔羊抵御外界不良环境的能力，以促进羔羊的生长发育。断奶时需要根据羔羊的实际情况来选择合适的断奶方法，如果羔羊的体质较好、生长发育良好，可以选择一次性断奶法，将母羊转走，留下羔羊；如果羔羊中有体质较弱的个体，则需要进行分阶段断奶法，羔羊断奶最好循序渐进地进行，否则会引起羔羊产生较为严重的断奶应激，对于羔羊的健康极其不利。目前，羔羊早期断奶的实施程序普遍为：7～14日龄在舍中放置开食料进行诱食，15日龄后开始补饲优质青草和开食料，待60～90日龄时彻底断奶。使用智能化养殖手持端设备，点击"断奶"，扫描羊只耳号或输入"羊耳号"，输入羔羊"断奶重量"，点击"保存断奶记录"，上传羔羊断奶信息（图7-2）。

图7-2　羔羊断奶信息

　　羔羊断奶后，也可以通过羊智慧养殖管理系统中断奶记录功能，对羔羊断奶体重等数据进行记录，方便后期对羔羊体重增长进行持续监控、分析。

　　选择"羊耳号""断奶时间"，查询羔羊断奶信息（图7-3）。点击"添加"，选择"耳号""断奶日期"，输入"断奶重量"，添加羔羊断奶记录（图7-4）。

断奶记录

羊耳号: 全部 ▼	断奶时间: 请选择时间段		搜索 清空

＋添加　🖨打印　⟳导出

编号	耳号	断奶时间	断奶重量	操作人	操作
64	10001	2022-09-07	55.00	张柱	🗑删除
63	10002	2022-09-07	23.00	张柱	🗑删除
62	100001	2021-08-16	40.00	张柱	🗑删除
61	10010	2021-08-13	67.00	张柱	🗑删除
60	10006	2020-02-18	26.00	张柱	🗑删除
59	10004	2020-07-13	30.00	张柱	🗑删除
58	10006	2020-08-03	29.00	张柱	🗑删除

图7-3　羔羊断奶记录

图7-4 添加羔羊断奶记录

7.2.4 羔羊去势

羔羊去势的优点体现在2个方面：一是去势后羔羊性情温和便于管理；二是减少羊肉膻味，改变肉品质。因此，养殖生产中凡不作种用的公羔可做去势处理。去势时间可选在公羔羊2~12周，去势方法可选择去势钳法、结扎法、手术切除法、化学去势法和激素免疫去势法。结扎法具有操作方便、简单易学、省时省力且不良反应小的优点，多适用于羔羊。去势应选择在天气晴朗的早晨进行，以减少感染、缩短护理时间。采用结扎法去势时，将公羔进行侧卧式保定，剪除羔羊后腿内侧，阴囊上、下肢部的毛，使用高锰酸钾溶液或新洁尔灭溶液或碘酒对阴囊皮肤进行消毒，将睾丸挤至阴囊底部，在阴囊基部使用橡胶圈束紧，阻断血液流通，一般在结扎后10~15 d后，其睾丸和阴囊自行脱落，完成去势。

图7-5 羔羊去势信息

使用智能化养殖手持端设备，点击"去势"，扫描羊只耳号或输入"羊耳号"，选择羔羊"去势方法"（包括结扎法、切割法），点击"保存去势记录"，上传羔羊去势信息（图7-5）。

在羊智慧养殖管理系统去势记录功能中，选择"羊耳号""去势时间"，查询羔羊去势记录（图7-6）。点击"添加"，选择"耳号""去势日期""去势方法"，添加羔羊去势记录（图7-7）。

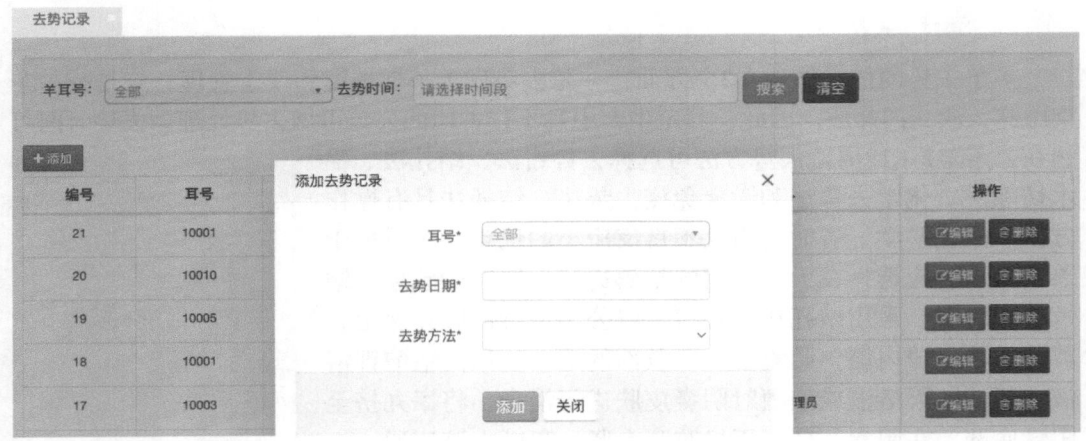

图7-6　查询羔羊去势记录

图7-7　添加羔羊去势记录

7.2.5　羔羊驱虫和免疫

在对羔羊进行驱虫时，第1次驱虫一般选择在50日龄，第2次驱虫是在90日龄，以后每年冬、春季各进行1次驱虫。

使用智能化养殖手持端设备，点击"驱虫"，扫描羊只耳号或输入"羊耳号"，选择羔羊"驱虫方式""驱虫类型""驱虫方法""驱虫药品"，点击"保存驱虫信息"，上传羔羊驱虫信息（图7-8）。

图7-8 羔羊驱虫信息

集约化羊场羊只数量多、饲养密度大，一旦暴发疾病，往往难以控制，造成严重的经济损失。因此，必须长期坚持"预防为主，防重于治"的理念，做好免疫和检疫工作，常见羔羊免疫程序详见表7-1。

表7-1 羔羊参考免疫程序

接种日龄	疫苗名称	用法	用量（mL/只）	备注
7日龄	羊快疫、猝狙、羔羊痢疾、肠毒血症三联四防灭活疫苗	皮下或肌内注射	5	首免
21日龄	羊快疫、猝狙、羔羊痢疾、肠毒血症三联四防灭活疫苗	皮下或肌内注射	5	加强免疫
30日龄	山羊痘活疫苗	尾部皮内注射	0.5	
45日龄	口蹄疫O型、A型、亚洲I型三价灭活疫苗	肌内注射	0.5	首免
60日龄	口蹄疫O型、A型、亚洲I型三价灭活疫苗	肌内注射	0.5	断奶后加强免疫
70日龄	山羊支原体肺炎灭活疫苗（MoGH3-3株+M87-1株）	皮下或肌内注射	3	

使用智能化养殖手持端设备，点击"免疫"，扫描羊只耳号或输入"羊耳号"，选择"免疫方式""免疫计划名称""免疫方法"，输入"疫苗名称""使用剂量"，点击"保存免疫记录"，上传免疫信息。

使用智能化养殖手持端设备，点击"检疫"，扫描羊只耳号或输入"羊耳号"，选择"检疫方式""检疫计划名称""检疫方法"，输入"疫苗名称""使用剂量"，点击"保存检疫记录"，上传检疫信息（图7-9）。

羔羊驱虫、免疫、检疫管理均可通过羊智慧养殖管理系统中疾病防疫功能实现。

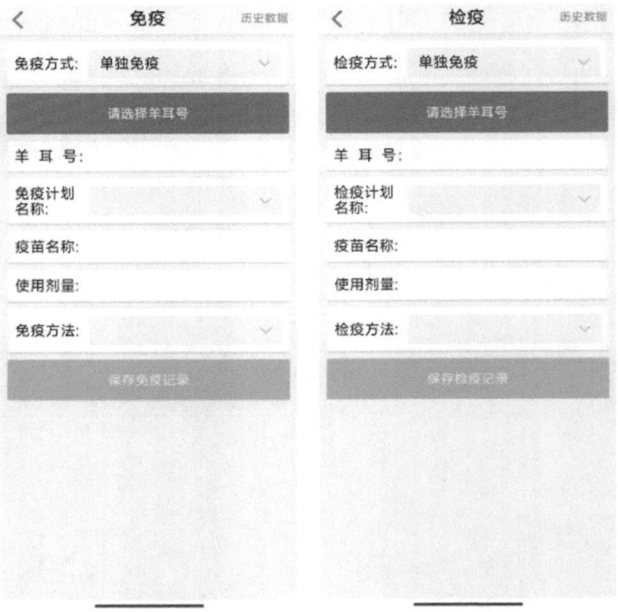

图7-9　羔羊免疫和检疫信息

7.2.6　日常管理

7.2.6.1　做好保温工作

羔羊体温调节能力差、体表被毛较少，对环境温度表现得极其敏感，因此，需做好羔羊的保温工作。冬季和早春季节要避免昼夜温差过大，寒冷的冬季要加强保温，给羔羊提供一个适宜的环境温度。需要保证产房温暖、干燥，保持温度在8～10 ℃，同时还要控制好产房的相对湿度，湿度过大会滋生大量的病菌，引起羔羊感染患病。

7.2.6.2　保持羊舍的卫生

羔羊对外界环境的抵抗力较差，如果环境卫生较差，羔羊极易患病死亡，因此，需要给羔羊提供一个舒适、干净的生活环境，从而降低羔羊的患病率。要做到每天都要及时清理羊舍，将羊舍内的粪便、杂物、剩料等清理干净，定期更换垫草，对羊舍进行定期的全面消毒，要加强通风换气。

7.2.6.3　加强运动

养殖生产中运动量减少，会导致羊群抗病能力下降，而出现一系列的问题。对于羔羊来说，通过增加户外运动量，可以帮助羔羊改善体质，提高食欲，促进羔羊的生长发育。对于放牧的羊群来说，可以安排羔羊跟随成年羊放牧，但是要注意不可远牧，恶劣天气也不进行放牧，放牧的地点也要注意条件良好。对于舍饲的羔羊，则需要选择晴朗的天气、固定的时间让其在运动场运动，保证每天的运动量不能低于2 h。

7.2.6.4 早期补饲

对羔羊进行早期补饲工作有助于促进瘤胃的发育。一般在羔羊出生后7 d开始训练其吃草、吃料，用羔羊开食料诱导采食；在羔羊2周龄左右时即可以提供一些优质的青干草，让其自由采食，由少到多，循序渐进。补饲在促进瘤胃发育的同时，还可以补充营养物质。但是，值得注意的是，由于羔羊的肠胃功能还处于发育和完善的过程中，因此，在补饲时要注意观察是否有异常现象发生，及时地调整补饲量和补饲方法。此外，羔羊圈舍内应设微量元素舔砖。

7.2.6.5 哺乳制度

羔羊初生后1 h左右即可站立行走吃奶，如果不能自己吃奶，应给予人工辅助哺乳。按照尽早吃足初乳、吃好常乳的原则制定合理的哺乳制度。初生至7 d，母子同圈，一昼夜哺乳次数不少于5次；7~30 d，可每日将羔羊子母羊分开一定时间，一昼夜哺乳次数不少于4次。定期巡查，保证充足。

7.2.7 羊只进群

在羊的饲养管理过程中，进行合理的分群管理是非常重要的。分群管理可以根据羊群的需求和特点，将羊群分为不同的小群，更好地进行饲养管理，也是进行智能化管理的基础。羔羊分群后，转入育成公母羊群进行管理。

使用智能化养殖手持端设备，点击"进群"，扫描羊只耳号或输入"羊耳号"，选择"羊类型""羊品种""胚胎移植""羊性别""羊毛色""出生日期""入场方式""入场分类""所属羊舍"，输入"出生重量""入场日期"，点击"保存进群记录"，根据分群情况，上传羊只进群信息（图7-10）。

图7-10 羊只进群信息

参考文献

付守志，白凤辉，2022. 羔羊的生理特点及饲养管理要点[J]. 现代畜牧科技（3）：36-38.

刘东山，吕佩庆，闫爱荣，等，2009. 羔羊早期断奶直线育肥技术及其应用[J]. 中国畜牧兽医，36（3）：226-228.

马青超，2021. 离乳期羔羊的饲养管理与疫病防控[J]. 现代畜牧科技（7）：50-51.

赵天宏，李宝林，于子发，2007. 公羔羊去势育肥法[J]. 养殖技术顾问（6）：3.

第八章　育成羊智能化饲养管理

育成羊是指断奶后到初配前的公、母羊。该阶段羊具有生长发育快、增重速度快和对营养物质需要量大等特点。如果营养供应不足、饲养管理不当，就会显著影响其生长发育，且会对羊群的繁殖造成影响。育成羊是羊群的未来，必须给予足够的重视。本章重点介绍育成羊的生理特点，并阐述其智能化饲养管理要点。

8.1　育成羊生理特点

在育成期，羊只骨骼和器官充分发育，消化功能逐渐发育完全，瘤胃功能逐渐完善，机体先达到性成熟再继续发育到体成熟。羊的性成熟在4～10月龄，表现出发情并排卵，体重达到成年羊的40%～60%，但机体发育未充分，不宜配种。羊的体成熟是性成熟后继续发育到成年体重的70%时。在整个育成期，羊只生长发育快、物质代谢旺盛，如果营养物质供应不足，会影响其生长发育，延迟性成熟和体成熟时间，降低其种用价值。

8.2　育成羊的智能化饲养

育成羊的智能化饲养流程包括调群、日常管理、体尺测定和育成羊淘汰。

8.2.1　调群

（1）公母分群：由于公、母羊体重存在差异，分群饲养不利用采食量控制，易出现营养不良或营养过剩的问题，影响育成公羊与育成母羊的正常生长发育。并且，若合群饲养在育成羊性成熟后，会出现交配行为。因此，在羔羊断奶后组群的，要根据性别、体重大小，体质强弱等情况进行分群饲养。

（2）转群：羔羊断奶后组成育成公羊群和育成母羊群，上一年度的育成羊转成后备羊群，后备羊群转为成年羊群。对未达到种用价值的育成羊进行淘汰，留种率在25%～35%。

（3）养殖人员可通过手持端设备将调群养殖耳号、原圈舍、原栏位、新圈舍、新栏位、转群时间、操作人等相关操作信息及时上传系统，方便后期统筹管理。

使用智能化养殖手持端设备，点击"调群"，扫描羊只耳号或输入"羊耳号"，输入"当前舍"，选择"转到舍"，点击"保存调群记录"，上传调群信息（图8-1）。

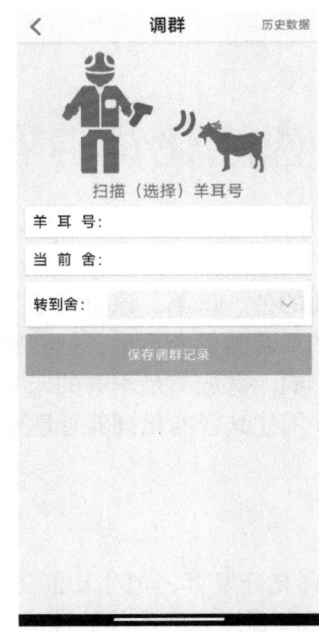

图8-1　羊只调群信息

在调群管理系统中，点击"调群管理"，选择"调群时间"，查询调群管理情况（图8-2）。

调群管理

| 调群时间: | 请选择时间段 | | | 搜索 | 清空 | | | | |

+添加　打印　三批量导入　导出

编号	耳号	原圈舍	原栏位	新圈舍	新栏位	转群时间	操作人	操作
158	100001	羊舍8		羊舍2	供体羊1栏	2021-08-16	张柱	自删除
157	100199	羊舍9		羊舍7	供体羊5栏	2021-08-13	张柱	自删除
156	10005	羊舍2	供体羊2栏	羊舍1	供体羊1栏	2021-02-03	赵金柱	自删除
155	10005	羊舍3	供体羊1栏	羊舍2	供体羊2栏	2020-11-16	王金宝	自删除
153	10225	羊舍12	供体羊2栏	羊舍C3		2020-11-10	张柱	自删除
152	10213	羊舍12	供体羊2栏	羊舍C1	供体羊5栏	2020-11-10	张柱	自删除
151	10213	羊舍12	供体羊1栏	羊舍12	供体羊2栏	2020-11-09	赵金柱	自删除
150	10446	羊舍7	供体羊2栏	羊舍13	供体羊3栏	2020-11-15	王金宝	自删除

图8-2　调群管理情况

点击"添加"，选择"原圈舍""羊""转到羊舍""操作人"，输入"转群时间"，添加调群管理信息（图8-3）。

图8-3 添加调群管理信息

8.2.2 日常管理

8.2.2.1 合理搭配日粮

在实际生产中，育成期可分为育成前期（3~8月龄）和育成后期（9~18月龄）2个阶段。育成前期羔羊断奶后瘤胃容积小，且机能不完善，消化利用粗饲料的能力较弱，粗饲料应选择优质青绿干草。育成后期，羊只瘤胃机能基本发育完善，可消化利用作物秸秆等粗饲料。应根据性别和体重变化，适时调整日粮配方和饲喂量。日粮配制应满足《肉羊营养需要量》（NY/T 816—2021）规定，育成羊日粮参考配方见表8-1。每天早晚各饲喂1次，间隔6~8 h，更换日粮应做好过渡。

表8-1 育成羊参考日粮配方 单位：kg

体重	混合精饲料	青贮玉米	青绿干草	多汁饲料
30~40	0.2~0.3	1~1.5	0.3	0.2
40~50	0.3~0.4	1.5~2	0.5	0.3
50~60	0.4~0.5	2~2.5	0.6	0.4
60~70	0.5~0.6	2.51~3	0.8	0.6
70以上	0.6~0.8	2.5~3	1	0.8

8.2.2.2 控制环境

给育成羊提供一个良好的生长环境是十分重要的。首先，合理控制育成羊群的饲养密度，每只公羊舍面积0.6~0.8 m²。其次，保持适宜的温度，做好夏季防暑降温、冬季防寒保暖工作。做好通风,保持室内干燥,及时排出有害气体。确保光照充足。再次,定期将羊只驱赶至运动场,以增加运动量,保证采食量,提高抗病力。最后,保持羊舍安静,避免羊群受到惊吓产生应激。

8.2.2.3 疫病防控

首先,按照制定的免疫程序进行育成羊免疫接种,预防传染病的发生,常见育成羊免疫程序见表8-2。其次,每年冬、春季进行驱虫工作。最后,做好羊舍的清洁消毒工作。

使用智能化养殖手持端设备,分别点击"驱虫""免疫""检疫"上传驱虫、免疫、检疫信息,也可通过羊智慧养殖管理系统中的疾病防疫功能实现。

表8-2 育成羊参考免疫程疗

接种时(d)	疫苗名称	用法	用量(mL/只)
90	羊快疫、猝狙、羔羊痢疾、肠毒血症三联四防灭活疫苗	肌内注射	1
100	口蹄疫O型、亚洲I型二价灭活疫苗	肌内注射	1
105	羊气肿疽灭活疫苗	皮下注射	7
120	羊败血性链球菌病灭活疫苗	尾部皮内注射	0.5
150	布鲁氏菌病灭活疫苗	皮下注射	1

8.2.3 体尺测定

通过挑选合适的育成羊作为种用,是提高羊群质量的前提和主要方式。将品种特性优良、种用价值高、高产母羊和公羊选出来用于繁殖,而将不符合种用要求或者多余的公羊转变成育肥羊育肥。在实际生产中,选种主要依据育成羊的体重和体型外貌,并结合系谱信息。体尺体重信息是选种的重要指标。羊体尺测定项目主要有4个:体高、体斜长、胸围和管围(图8-4),其他项目可根据情况选择。测量时受测羊只在坚实平坦地面端正站立。

体斜长
体高
胸围
管围

图8-4 羊体尺测定项目

测定完体重和体尺信息后，使用智能化养殖手持端设备，点击"体尺称重"，扫描羊只耳号或输入"羊耳号"，输入"体长（cm）""体高（cm）""胸围（cm）""腹围（cm）""尻长（cm）""管围（cm）""体重（kg）""备注"，点击"保存体尺称重记录"，上传体尺称重信息（图8-5）。

上传体尺称重信息后，进一步利用羊智慧养殖管理系统中性能测定功能进行体况、温度、体尺变化（平均体重、平均体宽、平均体长）以及体长/体重分布分析，以挑选合适的育成羊留为种用。

8.2.4　育成羊淘汰

对于消瘦的育成羊，可以单独分圈饲养，同时可以补用驱虫药物，如果还没有起色，可以考虑是肝吸虫后期或其他慢性疾病，没有治疗价值，建议淘汰。由于体内寄生虫侵蚀，使羔羊营养消耗大，影响生长发育而形成僵羊，需及时淘汰，减少人力和物资浪费。

使用智能化养殖手持端设备，点击"淘汰"，扫描羊只耳号或输入"羊耳号"，选择"淘汰原因"，输入"体重"，点击"保存淘汰记录"，上传羊只淘汰信息（图8-6）。

图8-5　羊只体尺体重信息

图8-6　羊只淘汰

也可以通过羊智慧养殖管理系统中淘汰管理功能实现。选择"羊耳号""淘汰时间"查询羊只淘汰记录（图8-7）。点击"添加"，选择"耳号""淘汰日期""淘汰原因"，输入体重，添加羊只淘汰信息（图8-8）。

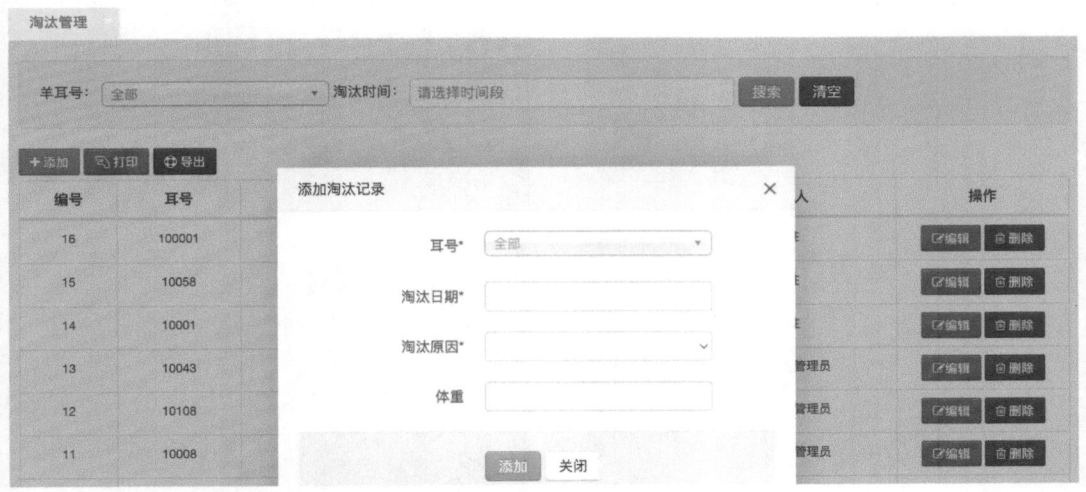

图8-7　查询羊只淘汰记录

图8-8　添加羊只淘汰记录

参考文献

申汉彬，2016.育成羊饲养管理的要点[J].现代畜牧科技（3）：12.

托留别克·达汗伯，2021.育成羊的饲养管理要点[J].养殖与饲料，20（9）：62-63.

西拉木，2016.育成藏羊的饲养管理[J].中国畜禽种业，12（8）：81.

许银梅，2021.育成羊饲养管理技术[J].畜牧兽医科学（电子版）（1）：44-45.

第九章 繁殖母羊智能化饲养管理

繁殖母羊是羊群生产的基础，其生产性能的高低直接决定羊群的生产水平。研究表明，母羊的繁殖能力会受到饲养技术的影响，通过合理饲养管理技术能保证母羊体况良好，更好地繁殖出抵抗能力较强的优质羔羊，还能满足羔羊在最短的时间内快速生长发育的需要，增强养殖场的经济效益。依据繁殖母羊的生理特点和所处生理阶段，可分为空怀期、妊娠期和泌乳期3个阶段。

9.1 繁殖母羊生理特点

9.1.1 空怀期

空怀期一般是指母羊哺乳期结束后，到配种妊娠之前这段时间。年产羔1次的母羊，空怀期一般在5~7个月；对于2年3产的母羊，空怀期一般在1个月。母羊经过哺乳期后，体况损失较大，对于低于理想体况评分的母羊要进行短期优饲。空怀期母羊理想体况评分至少要达到2分。

9.1.2 妊娠期

在母羊发情配种后，转为妊娠阶段。母羊的妊娠期在150 d左右。生产上，一般将妊娠期分为妊娠前期和妊娠后期，妊娠前期是指妊娠前3个月，妊娠后期是指妊娠第3~5个月。妊娠前期，母羊的干物质采食量变化不大，体重增长速度较慢，妊娠前期胎儿生长发育比较缓慢，对营养的需求量较低。妊娠后期，胚胎发育迅速，除维持自身需要外还要保证胚胎生长发育需要，因此，妊娠后期营养需要高于妊娠前期。

9.1.3 泌乳期

在母羊分娩后，转入下一阶段——泌乳期。生产上将泌乳期分为泌乳前期和泌乳后期，泌乳前期指羔羊出生后1.5~2个月，泌乳后期是指羔羊1.5~2月龄到断奶前。母羊哺乳期约90 d。由于分娩过程中体力消耗巨大，身体空虚，消化机能以及抵抗力迅速下降，采食量变化不大，但羔羊生长速度较快，日增重能达到150 g左右，需要大量营养。泌乳前期，羔羊营养来源主要是母羊乳汁，泌乳后期可通过代乳粉和开食料补充羔羊营养需要。

9.2 繁殖母羊的智能化饲养

9.2.1 空怀期的智能化饲养

空怀期饲养管理好坏关系到母羊能否正常发情、排卵、配种和生产健壮羔羊。因此，这一阶段的饲养目标是抓膘复壮，为发情配种做好准备。这个阶段的饲养管理要点，主要包括6点，第一是短期优饲，改善体况；第二是做好免疫和驱虫工作；第三是做好查情工作；第四是做好同期发情；第五是采用人工授精技术；第六是开展胚胎移植。

9.2.1.1 短期优饲

在生产中，短期优饲的最佳时间段是在配种前20～30 d。在饲喂优质粗饲料的基础上，同时补饲0.3～0.5 kg精饲料，另外还要注意补充维生素和矿物质，保证母羊摄取的营养物质全面与均衡。

9.2.1.2 免疫和驱虫

空怀期需要注射的疫苗有三联四防疫苗、羊痘活疫苗、羊小反刍兽疫疫苗、羊口蹄疫疫苗、山羊传染性胸膜肺炎疫苗、布鲁氏菌病疫苗。驱虫主要是驱除体内外各种寄生虫。一般是每年冬、春季各驱虫1次，可以使用伊维菌素、阿苯达唑等药物，使用时要注意剂量不能超过说明书用量的2倍。

9.2.1.3 查情管理

母羊发情时，会表现为兴奋不安、食欲减退、外阴红肿、持续摇尾、爬跨等行为。在生产中，在进行人工授精和辅助交配时需用试情公羊放入母羊群中来寻找和发现发情母羊。试情公羊选择体格健壮、性欲旺盛、年龄2～5岁的公羊。在早晨，将试情公羊赶入母羊群中。如果母羊喜欢接近公羊，站立不动，接受爬跨，表示已经发情，应进行配种。

使用智能化养殖手持端设备，点击"试情"，扫描羊只耳号或输入"羊耳号"，输入"时间""操作人"，点击"保存试情记录"，上传母羊试情信息（图9-1）。

使用智能化养殖手持端设备，点击"发情"，扫描羊只耳号或输入"羊耳号"，选择"发情类型"，输入"时间""操作人"，点击"保存发情记录"，上传母羊发情信息（图9-2）。

图9-1　羊只试情　　图9-2　羊只发情

同时，使用羊智慧养殖管理系统中试情记录和发情催情功能完成母羊试情和发情信息采集。

9.2.1.4 同期发情

同期发情技术是提高繁殖率、生产管理水平及胚胎移植效果的关键环节。

同期发情技术流程包括放栓、注射PMSG和前列腺素（PG）以及撤栓。母羊放栓是将阴道孕酮释放装置（CRID）或含孕酮制剂的海绵栓放置羊阴道深处，使药液缓慢不断地释放入周围组织。放栓后第12天上午注射PMSG和PG。放栓后第13天下午，将母羊集中，拉住栓后的引线，缓缓用力，将阴道栓撤出。

使用智能化养殖手持端设备，点击"放栓"，扫描羊只耳号或输入"羊耳号"，选择"所属羊舍"，输入"时间""操作人"，点击"保存放栓记录"，上传母羊放栓信息（图9-3）。结合羊智慧养殖管理系统标准管理功能完成母羊放栓信息采集与管理。

图9-3 羊只放栓

9.2.1.5 人工授精

人工授精就是用仪器收集公羊精液，经精液品质检验，稀释后，再输入发情母羊生殖道的配种方法。这种配种方法比本交大幅增加了与配母羊的数量，提高母羊受胎率，扩大了种公羊的利用率，节省种公羊饲养成本。同时，亦可起到防止疾病传播的作用。

使用智能化养殖手持端设备，点击"配种"，扫描羊只耳号或输入"羊耳号"，输入"公羊耳号""时间""操作人"，选择"配种类型"，点击"保存配种记录"，上传母羊配种信息（图9-4）。

图9-4　羊只配种

9.2.1.6　胚胎移植

结合使用羊智慧养殖管理系统中配种记录功能。选择"羊耳号""配种日期"，查询羊只配种记录（图9-5）。点击"添加"，选择"耳号"，输入"配种时间"，添加羊只配种记录（图9-6）。

编号	耳号	配种日期	操作时间	操作	配种次数	公羊耳号	配种时间	配种类型	配种人员	操作
166	100001	2021-08-16	2021-08-16 10:11:04	添加配种信息 完成配种 删除	1	10052	2021-08-16	冻精	张柱	查看删除
165	10010	2021-08-13	2021-08-13 16:03:52	添加配种信息 完成配种 删除	1	10052	2021-08-13	冻精	张柱	查看删除
164	10009	2020-01-01	2020-11-27 16:26:21	配种已完成 删除	1	10002	2020-01-01	冻精	张柱	查看删除
163	10040	2020-11-27	2020-11-27 10:36:03	添加配种信息 完成配种 删除	1	10041	2020-11-27	冻精	张柱	查看删除
162	10047	2020-11-16	2020-11-27 08:52:07	添加配种信息 完成配种 删除	1	10052	2020-11-10	鲜精	张柱	查看删除
161	10019	2020-11-23	2020-11-27 08:52:02	添加配种信息 完成配种 删除	1	10041	2020-11-16	鲜精	张柱	查看删除
160	10043	2020-11-23	2020-11-27 08:51:56	配种已完成 删除	1	10048	2020-11-09	鲜精	张柱	查看删除
					2	10041	2020-11-09	冻精	张柱	查看删除
159	10043	2020-11-23	2020-11-27 08:51:51	配种已完成 删除	·	·	·	·	·	查看删除
158	10043	2020-11-23	2020-11-27 08:51:47	配种已完成 删除	·	·	·	·	·	查看删除
157	10043	2020-11-16	2020-11-27 08:51:44	配种已完成 删除	·	·	·	·	·	查看删除

图9-5　查询羊只配种记录

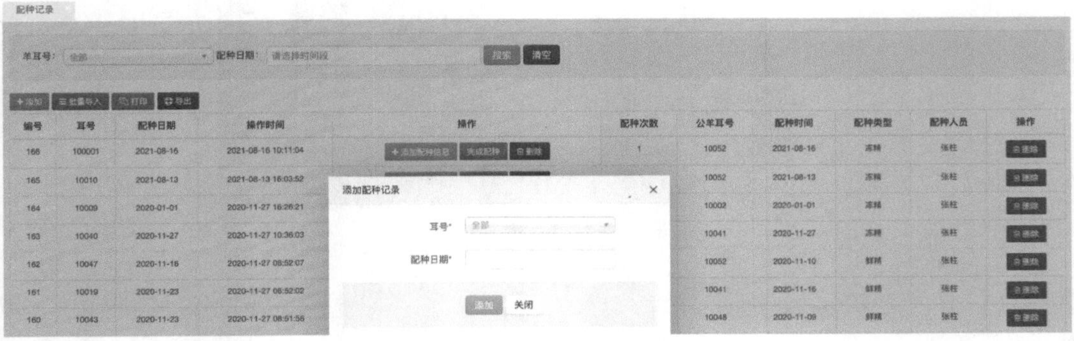

图9-6　添加羊只配种记录

　　胚胎移植，又称受精卵移植，是指将雌性动物的早期胚胎，或者通过体外受精及其他方式得到的胚胎，移植雌性动物体内，使之继续发育为新个体的技术。本质是生产胚胎的供体母羊和孕育胚胎的受体母羊共同繁殖后代的过程。

　　使用智能化养殖手持端设备，点击"胚胎移植"，扫描羊只耳号或输入"羊耳号"，输入"供体羊""受体羊""时间""操作人"，点击"保存胚胎移植记录"，上传母羊胚胎移植信息（图9-7）。同时，结合羊智慧养殖管理系统中供受体羊管理、放栓管理和胚胎移植3个功能实现。

图9-7　羊只胚胎移植

　　使用智能化养殖手持端设备，点击"妊检"，扫描羊只耳号或输入"羊耳号"，选择"妊检方法"（包括外部观察、孕酮检查、超声检查、其他方法）"妊检结果"，输入"时间""操作人"，点击"保存妊检记录"，上传母羊妊检信息（图9-8）。

图9-8　羊只妊检信息

　　在羊智慧养殖管理系统的妊检记录功能中，选择"羊耳号""妊检时间"，查询羊只妊检信息（图9-9）。

编号	耳号	妊检时间	妊检方法	妊检结果	操作人	操作时间	操作
82	100001	2021-08-16	外部观察	已孕	饲杜	2021-08-16 10:11:15	删除
81	10011	2021-08-13	外部观察	已孕	张杜	2021-08-13 18:04:04	删除
80	10001	2020-11-27	超声检查	已孕	张杜	2020-11-27 15:35:22	删除
79	10125	2020-11-27	超声检查	未孕	张杜	2020-11-27 10:36:38	删除
78	10001	2020-11-26	外部观察	已孕	张杜	2020-11-26 09:03:29	删除
75	10009	2020-11-20	超声检查	已孕	勒衣畜牧管理员	2020-11-20 15:23:52	删除
74	10003	2020-11-20	孕酮检查	未孕	勒衣畜牧管理员	2020-11-20 15:23:52	删除
73	10001	2020-11-20	外部观察	待查	勒衣畜牧管理员	2020-11-20 15:23:52	删除
69	10496	2020-11-20	其他方法	待查	勒衣畜牧管理员	2020-11-20 08:55:29	删除
68	10003	2020-11-10	孕酮检查	待查	勒衣畜牧管理员	2020-11-13 14:16:48	删除

图9-9　羊只妊检信息

　　点击"添加"，选择"耳号""妊检方法""妊检结果"，输入"妊检日期"，添加羊只妊检信息（图9-10）。

妊检记录

| 羊耳号： | 全部 | ▾ | 妊检时间： | 请选择时间段 | | | 搜索 | 清空 |

编号	耳号	妊检时间	妊检方法	妊检结果	操作人	操作时间	操作
82	100001	2021-08-16				2021-08-16 10:11:15	删除
81	10011	2021-08-13				2021-08-13 16:04:04	删除
80	10001	2020-11-27				2020-11-27 15:35:22	删除
79	10125	2020-11-27				2020-11-27 10:36:38	删除
78	10001	2020-11-26				2020-11-26 09:03:29	删除
75	10009	2020-11-20				2020-11-20 15:23:52	删除
74	10003	2020-11-20				2020-11-20 15:23:52	删除
73	10001	2020-11-20				2020-11-20 15:23:52	删除

添加妊检记录

耳号* 全部

妊检日期*

妊检方法*

妊检结果*

添加　关闭

图9-10　添加羊只妊检信息

9.2.2　妊娠期的智能化饲养

基于妊娠期母羊的生理变化和胚胎发育规律，以及妊娠期母羊流产原因，妊娠前期和妊娠后期饲养目标和要点不同。

妊娠前期的饲养目标为酌情增膘、防止流产，这一阶段的饲养管理要点：一是合理饲喂，控制膘情；二是加强饲养管理，防止流产。

（1）合理饲喂，控制膘情。每只羊每天补充粗饲料为2.00～2.40 kg/d，精饲料量控制在0.3～0.5 kg/d，补充维生素和矿物质，增加青粗饲料的多样性，维持采食欲望。补充具体供给量要根据妊娠母羊的品种、体况等情况灵活掌握，妊娠母羊的体况一般控制在2.5～3.5分为好。

（2）加强饲养管理，防止流产。在饲料与饮水方面：要保证饲料质量，防止发霉、污染、冰冻。在管理方面：要加强管理，避免剧烈运动，以防滑倒、摔伤，不得加速驱赶母羊，避免羊群拥挤、顶撞而发生机械性流产。

（3）妊检管理：对动物妊娠与否或胚胎发育状况的监测称为妊娠检查。母羊完成妊娠检查后，通过手持端对母羊编号、耳号、妊检时间、妊检方式、妊检结果、操作人、操作时间等信息进行录入上传，尽早发现未孕母畜，及时采取复配措施。

（4）流产管理：在养殖过程中妊娠母羊流产时有发生，降低母羊繁殖性能，影响母羊健康，造成养殖者经济损失。生产中养殖人员应重视流产管理，及时采集和分析流产信息，全面分析、提前预防及合理用药，将流产造成的损失降到最低。

使用智能化养殖手持终端，点击"流产"，扫描羊只耳号或输入"羊耳号"，输入"流产原因"，点击"保存流产记录"，上传母羊流产信息（图9-11）。

图9-11　母羊流产信息

在羊智慧养殖管理系统中流产记录功能中，选择"羊耳号""流产时间"，查询羊只流产信息（图9-12）。点击"添加"，选择"耳号""流产日期"，输入"流产原因"，添加羊只流产信息（图9-13）。

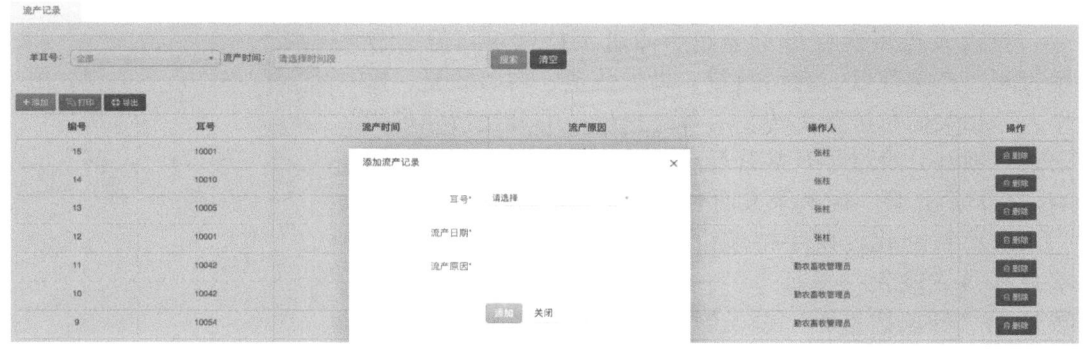

图9-12　查询羊只流产信息

图9-13　添加羊只流产信息

妊娠后期的目标为加强饲喂、保证胚胎生长发育，该阶段的饲养管理要点为合理饲喂、加强饲养管理、做好接产准3个方面。

（1）合理饲喂，精饲料供应量：0.35～0.75 kg/d；粗饲料供应量：1.5～2.5 kg/d；这一阶段能量的摄入量是空怀期的117%～122%、粗蛋白质140%～160%、钙磷（1倍）、维生素（2倍）；同时还需补充硒、维生素E和维生素A；在饲喂过程中保持少喂勤添原则；要选择易于消化的粗饲料；产前1周开始减少饲喂量；分娩当天不进行饲喂，以防出现消化不良和产后乳房炎的发生。

（2）加强饲养管理：要保证饲料质量，防止发霉、污染、冰冻。圈舍的出入口要尽可能宽一些，保证羊舍清洁干净，防止疾病发生，冬季妊娠母羊要注意保暖，不饮冷水，夏季妊娠要注意防暑防蚊。控制饲养密度，合理分群，不粗暴对待母羊，以防母羊受到惊吓而产生应激反应，引发流产；不远牧；保持适当的活动。

（3）做好接产准备应注意以下事项。

①产房在分娩前10～15 d进行维护和消毒，要求产房通风良好，地面干燥，有利于母羊保暖。

②应当事先准备好接产用具包括剪刀、毛巾、药品、记录表格等，并在使用前对工具进行消毒。

③母羊分娩前7 d转移至产房，临近分娩前，剪除母羊后股内侧和乳房周围的被毛，清理母羊尾根、外阴部的污物，使用高锰酸钾溶液或来苏尔溶液对乳房及外阴部进行消毒。

④羔羊娩出后立即将其口、鼻、耳黏液擦拭干净，羔羊体上黏液让母羊舔干，以便母羊熟悉羔羊。同时，羊水中含大量催产素，母羊舔黏液以帮助排出胎衣。

⑤羔羊的脐带可以让其自行断裂，也可以用消毒的剪刀剪断，将脐带断端使用酒精涂抹或浸泡消毒。

⑥分娩后，使用温热消毒剂擦拭乳房，挤出头几滴奶，帮助羔羊尽快吸收初乳。

⑦分娩后，定时清理污物及地面，更换垫草。

⑧若母羊出现分娩困难，可进行助产。

养殖人员每次在母羊分娩后通过手持端对耳号、分娩时间、产羔数量、存活数量、母羔数量、弱羔数量、操作人等相关信息进行上传，对每一只母羊的分娩情况进行记录，做好分娩母羊日常管理对羔羊繁殖成活率有重要影响，在日后护理、配种等方面有很重要的意义。

使用智能化养殖手持端设备，点击"分娩"，扫描羊只耳号或输入"羊耳号"，输入"产羔数量""存活数量""母羔数量""弱羔数量"，点击"保存分娩记录"，上传母羊分娩信息（图9-14）。同时，使用羊智慧养殖管理系统中分娩记录功能实现母羊分娩信息采集与管理。

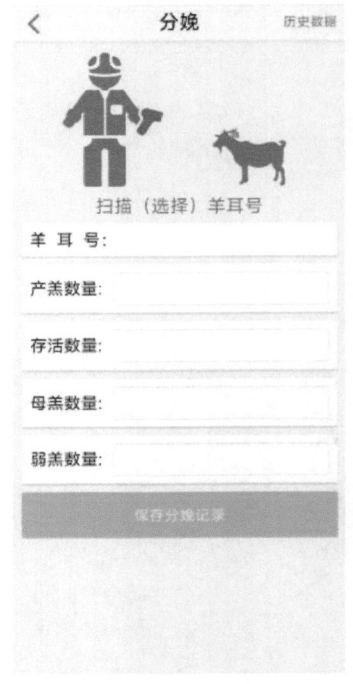

图9-14　羊只分娩

9.2.3　泌乳期的智能化饲养

基于泌乳期母羊采食量和羔羊体重变化规律。因此，泌乳前期和泌乳后期饲养目标和要点不同。

泌乳前期的目标是恢复体况，保证泌乳。泌乳前期的饲养管理要点是合理配置日粮，做好卫生清洁工作，加强运动。

（1）营养措施：日粮配制要合理多样，产后1周内以优质干草和适量的青绿多汁饲料为主；饮用添加葡萄糖或维生素C温水，以防虚脱；饲喂少量麸皮促进恶露排出；循序渐进添加精饲料，防止乳房炎发生。

（2）饲养管理：卫生管理要细致，喷洒顺序为器具→槽具→地面→墙壁→天花板；产后5 d用湿毛巾热敷乳房，一日5～7次，5 min/次；及时更换垫料，保障母羊圈舍干净；母羊适当提升每天的运动量。

　　泌乳后期的目标为及时断奶，保障母羊健康。饲养管理要点：合理搭配饲料，逐渐取消补饲；确保一定的饮水量；做好防暑保温工作；合理断奶。强制性断奶为直接将母羊与羔羊强制分开；渐进式断奶为逐渐增加饲料量，减少哺乳量，待断奶后羔羊不再依赖母羊可进行分群。

参考文献

秦艳丽，2021. 繁殖期母羊饲养管理技术[J]. 养殖与饲料，20（6）：32-33.

微信扫码进入线上平台

第十章 种公羊智能化饲养管理

种公羊数量虽少，但价值较高。种公羊精液品质的好坏，对母羊受胎率及其后代的生长发育和生产性能有直接影响。影响种公羊精液品质的因素除遗传因素外，合理的饲养管理技术也十分重要。因此，为确保肉羊养殖生产的产量，保证羊肉品质，应加强对种公羊的饲养管理，保持种公羊具有中上等的体况、健壮的体质、充沛的精力、优质的精液，保证和提高种公羊的利用率。

10.1 种公羊的生理特点

种公羊体格较大，生长速度比母羊快，采食量大，代谢旺盛。种公羊虽然可以全年采精，但非繁殖季节和繁殖季节的性欲和精液质量存在差异。繁殖季节性欲比较旺盛，精液品质好，性情较暴烈，好斗；非繁殖季节性欲减弱，精液品质变差，食欲逐渐增强。

10.2 种公羊的选育

选育的种公羊应具备繁殖力高、配种能力强、与母羊配合力高、适应性本场饲养管理条件的特点，主要从个体品质、系谱信息、性能测定三方面开展综合评定。个体品质主要是指候选种公羊的外貌特征、生殖器官发育，良好外貌特征表现为体质结实、结构匀称、后驱丰满、四肢粗壮，睾丸要发育良好，无隐睾、单睾、过小、畸形等情况，且精力充沛、眼神有力、敏捷活泼、性欲望盛，必要时可以进行疫病筛查和精液品质检查。系谱信息是指候选种公羊祖代、亲代生长发育、繁殖性能等成绩。性能测定是指候选种公羊自身各年龄段体重和体尺等生长发育性状以及产活羔数、羔羊断奶成活率繁殖性状测定记录。种公羊经过初生、2月龄（断奶）、6月龄、周岁、成年这五段选择，2月龄（断奶）、6月龄、周岁、成年四段鉴定，达到该品种种用标准的，进行种羊登记。

10.3 种公羊的智能化饲养

种公羊必须获得精心精细的饲养管理，为其提供良好的环境条件，满足各种营养需要，使其一年四季保持中上等体况。身体健壮、精力充沛、雄性特征明显、精液质量优良，才能保证和发挥其种用价值。将种公羊养殖管理阶段划分为非配种期、配种预备期和配种期，采取不同的饲养管理措施，避免营养不良和管理不适而影响种公羊的繁殖能力和使用寿命。

10.3.1　非配种期

处于非配种期的种公羊饲养重点在于恢复、保持良好种用体况，防止过肥。日常饲养时要为其提供适量的能量、蛋白质、矿物质、维生素、微量元素，满足《肉羊营养需要量》（NY/T 816—2021）中规定的肉用种公羊营养需要量，可使用种公羊全价配合料，或以优质青粗饲料为主、适量补充精饲料。适当增加种公羊活动量，以增强种公羊体质体况，有条件的要适当放牧。另外，应根据种公羊的品种、日龄、体质等进行合理分群，控制饲养密度。种公羊调群后及时使用智能化养殖手持终端设备或利用羊智慧养殖管理系统中的"调群"功能，上传种公羊调群信息。

10.3.2　配种预备期

在配种前的30～45 d是种公羊的配种预备期，此阶段的饲养重点在于逐步将由非配种期过渡至配种期。在配种预备期的饲养方面，为种公羊提供充足的营养，科学地调整日粮的配比结构，适当地增加精饲料的比例，一般为配种期饲养标准的60%～70%，然后逐渐增加到配种期饲养标准。注意饲粮中钙的比例，钙磷比一般不低于2∶1，提供充足的饮水，预防尿结石发生。

在配种预备期的管理方面。第一，加强运动管理。适当增加运动量，在阳光充足时驱赶运动30～60 min/d，或在运动场自由运动6 h/d，以促进公羊的性欲提升、提高精液品量。第二，加强疾病防控。做好免疫、驱虫工作，定期检查种公羊身体健康情况，密切观察种公羊采食、饮水、排便、排尿、精神、皮毛等情况，及时发现异常种公羊。种公羊一般1年内需要驱虫2次，分别是在春、秋季，每次驱虫10 d后可以再进行1次补驱，加强驱虫效果。种公羊免疫时应当重点做好对口蹄疫、羊痘、传染性胸膜肺炎和羊快疫、猝狙、肠毒血症、羔羊痢疾四联苗的预防接种工作，定期进行抗体监测，结合实际情况制定免疫程序。使用智能化养殖手持终端设备，分别点击"驱虫""免疫""检疫"，上传种公羊驱虫、免疫、检疫信息，也可以通过羊智慧养殖管理系统中"疾病防疫"功能实现种公羊驱虫、免疫、检疫信息采集。第三，做好修蹄工作。通过修蹄能够保证蹄部的健康，及时发现蹄部是否发生畸形和病变，一旦出现缺钙的现象要及时地补充钙以及其他的微量元素，预防缺钙发生，另外，避免蹄部过长影响采精的操作，提高种公羊的繁殖能力。第四，进行采精训练，检查精液品质。配种预备期开始时每周采精一次，以后增加到一周2次，之后达到2 d一次。进行精液品质检查以确保其精液质量、活力达到标准，若发现种公羊精液质量、活力差，需对饲养管理措施进行调整，如调整饲粮配方、饲喂量、运动量等。

10.3.3　配种期

在配种预备期结束之后，进入配种期，此阶段的饲养重点在于满足配种要求。此时期的种公羊性欲比较旺盛，经常处于兴奋的状态，采食会受到影响，且对体能的消耗巨大，必须要做好此时期的饲养管理工作，否则会影响种公羊的体质，阻碍配种任务的完成。在配种期的饲养方面，坚持少喂勤添的原则，保证种公羊能够采食到充足的饲粮，确保满足《肉羊营养需要量》（NY/T 816—2021）中规定的肉用种公羊配种期营养需要量。以体重80～90 kg的种公羊为例，在配种期内，可按混和精饲料1.2～1.5 kg、青干草2.2 kg、胡萝卜0.8～1.5 kg、食盐15～20 g、磷酸氢钙5～10 g的标准供给。应根据每日采精次数调整饲喂量，如母羊集中发情进入配种旺盛时后，可将精饲料饲喂量调整到1.5～2 kg。配种期种公羊每生产1 mL精液需可消化粗蛋白质50 g，因此应特别注意消化蛋白质的供给，当采精次数增多时，可以每天补充2～3个鸡蛋或者1～2 kg的脱脂乳。饲喂时应定时、定量、定人饲喂，避免暴饮暴食。加强饲粮质量管理，禁止饲喂霉变、冰冻饲料，去除饲料饲草中尖锐异物。

在配种期的管理方面。第一，注意采精频率。正确合理的安排采精次数、频率对公羊利用年限、精液品质、母羊受胎率均十分重要。配种期种公羊每天可采精1～2次。对小于18月龄的种公羊一天内采精不得超过2次，且不要连续采精；2岁半以上的种公羊每天采精3～4次，最多5～6次。采精次数多时，每次间隔需在2小时左右，使种公羊有休息时间。第二，加强环境管理。高温、潮湿、拥挤都会对精液品质产生不利影响，羊舍应选择通风、向阳干燥的地方，做好防暑、防寒、防潮的工作，单圈饲养，保证每只种公羊面积2 m²。第三，规范圈舍清洁消毒。及时清理圈舍内的粪污，更换垫草。制定完善的消毒制度，选择使用高效、敏感消毒剂，定期对圈舍、运动场的栏杆、地面、墙壁、用具进行消毒。

10.4 采精管理

人工授精技术是肉羊生产中广泛采用的配种技术，采用该技术提高优质种公羊的利用率、降低饲养成本、提高母羊受胎率。进行人工授精需先利用设备采集种公羊精液，经过品质检查、稀释保存和运输，再输入母羊生殖道内，因此合理的种公羊精液采集管理十分重要。种公羊采精管理依托羊智慧养殖管理系统中采精记录和采精计划管理2个功能实现。

10.4.1 采精记录

对种公羊进行采精作业时，应该严格登记采集日期、采精次数、采精种公羊的编号、每次采精的数量以及精液品质。养殖人员完成采精工作后对种公羊编号、耳号、采精时间、检验时间、原精的颜色、原精的气味、原精的活力、原精的密度、精子数等相关信息记录上传。

在羊智慧养殖管理系统采精记录中，选择"羊耳号""时间"，查询羊只采精信息（图10-1）。

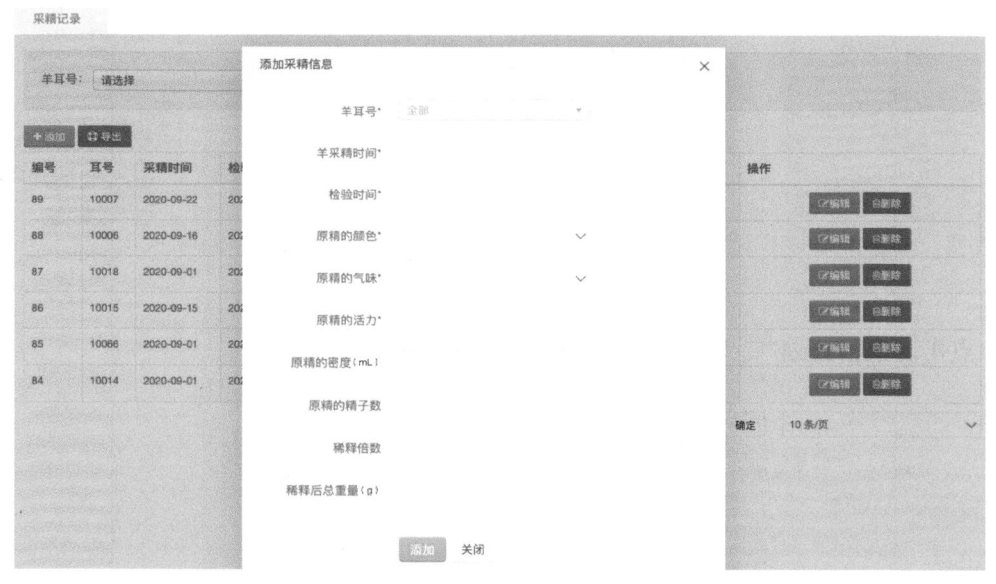

图10-1 查询羊只采精信息

点击"添加"，选择"羊耳号""原精的颜色""原精的气味"，输入"羊采精时间""检验时间""原精的活力""原精的密度（mL）""原精的精子数""稀释倍数""稀释后总重量（g）"，添加羊只采精信息（图10-2）。

图10-2 添加羊只采精信息

10.4.2 采精计划管理

品种、采精月份、采精月龄和采精间隔均会影响公羊精液品质，而不同品种公羊总精子数表现出高度的变异。系统录入了12日采精周期、按周采精、按天采精计划等不同采精方案，不同采精周期、采精方案时间间隔、创建时间等，可根据种公羊品种，生理状况等因素综合考虑选择合适采精方案，降低操作人员工作难度。

在羊智慧养殖管理系统中点击"采精方案"，查看当前进行羊只采精方案（图10-3）。

图10-3　查看羊只采精方案

点击"添加采精方案"，输入"采精方案名称""采精间隔"，选择"采精周期"，添加新采精方案（图10-4）。

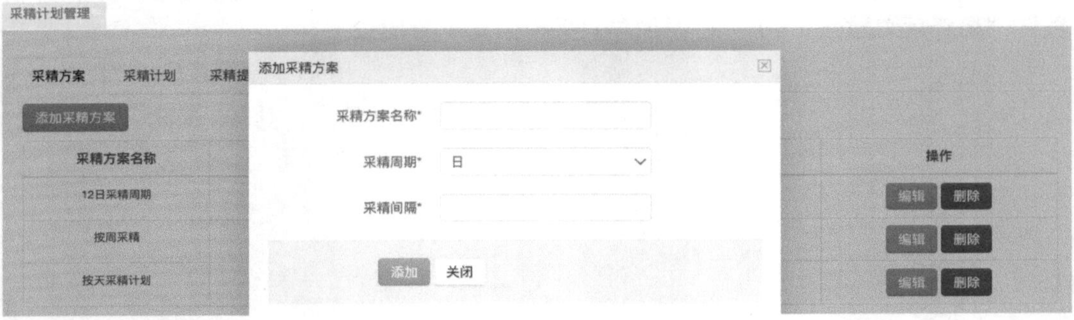

图10-4　添加新采精方案

点击"采精计划"，查看当前羊只采精计划（图10-5）。

图10-5　羊只采精计划

点击"设置采精计划",选择"公羊耳号""采精方案""采精月份",添加羊只采精计划(图10-6)。

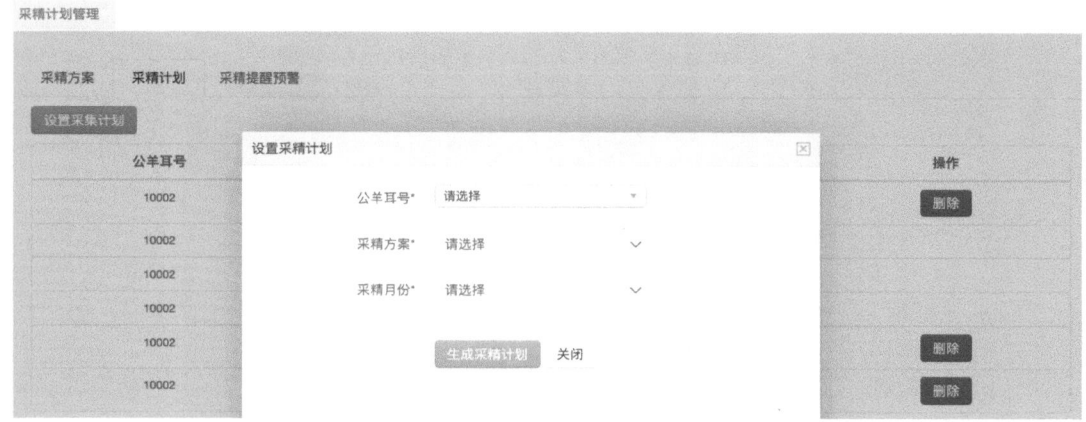

图10-6 添加羊只采精计划

点击"采精提醒预警",查看当前羊只采精预警提醒(图10-7)。

图10-7 羊只采精预警提醒

10.5 配种管理

对种羊的交配进行人为控制,使优良个体获得更多的交配机会,使优良基因更好地重组,对促进羊群生产性能的提高有着十分重要的作用,因此,合理的配种管理作用很大。种公羊配种管理依托羊智慧养殖管理系统中试情记录、虚拟配种、主力公羊管理、配种方案、近交系统计算和配种记录5个功能完成。

10.5.1 试情记录

进行试情后,养殖人员对编号、试情羊、试情时间、试情人等相关信息上传记录,通过系统可直观了解每一只公羊的试情情况,以最大程度进行试情公羊的科学管理。

使用智能化养殖手持端设备，点击"试情"，扫描羊只耳号或输入"单耳号"，输入"时间""操作人"，点击"保存试情记录"，上传羊只试情记录（图10-8），也可以通过羊智慧养殖管理系统试情记录完成。

图10-8　羊只试情记录

10.5.2　虚拟配种

根据近亲交配的世代数，将基因的纯化程度用百分数来表示即为近交系数，也指个体由于近交而造成异质基因减少时，同质基因或纯合子所占的百分比也叫近交系数。虚拟配种系统将母羊耳号和公羊耳号输入，得出对应的近交系数，模拟公羊与母羊交配的情况，避免近交系数过大，近亲交配造成损失。

在羊智慧养殖管理系统中点击"虚拟配种"，选择"母羊耳号""公羊耳号"，得出两只羊的近交系数（图10-9）。

图10-9　羊只虚拟配种

10.5.3　主力公羊管理

采用外貌选种与生产性能选种相结合，传统选育与现代选育相结合，经过综合评定后，确定种用价值。对于种用价值高的个体，给予较多的繁殖机会，从而增加育种群体的总体生产性能。系统通过公羊体高、公羊体长等生理数据对公羊进行综合打分，通过公羊评分得出主力公羊，进行单独的饲养管理。

在羊智慧养殖管理系统中点击"添加主力公羊"，选择"公羊耳号"，输入"公羊体高""公羊体长"，得出公羊评分，添加主力公羊信息（图10-10）。

图10-10　添加主力公羊信息

10.5.4 配种方案

系统录入了每只种公羊种羊耳号、主选公羊、主选公羊毛色、主选公羊体高、主选羔羊体长、主选羔羊育种值、主选羔羊近交系数，根据已有信息设定了数个已生成的配种方案供生产选择，降低了操作难度，也降低了从业人员专业程度的门槛。

点击"生成配种方案"，选择"种羊耳号"，查询备选公羊，生成羊只配种方案（图10-11）。

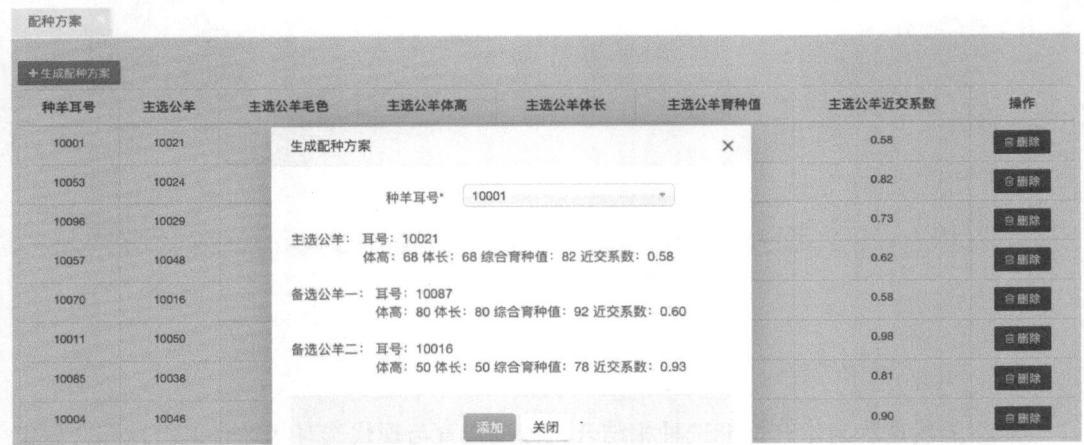

图10-11 羊只配种方案

10.5.5 近交系数计算

系统录入了种公羊耳号、出生日期、进场日期、公羊毛色用于近交系数的计算。

点击"计算"进行近交系数计算，选择"母羊耳号"，查看可配公羊耳号和近交系数（图10-12）。

近交系数计算

耳号	出生日期	进场日期	公羊毛色
10020667			黑色
10020687			白色
10017487			白色
10020247			白色
10021029			白色
10021039			白色
10021035			白色
10021028			白色
10021023			白色

计算近交系数

母羊耳号* 10001

公羊耳号	近交系数
10019	0.67
10054	0.68
10095	0.71
10111	0.72
10113	0.74

图10-12 近交系数计算

10.5.6 配种记录

养殖人员通过智能化养殖手持端设备适时上传、更新配种操作，通过羊智慧养殖管理系统可随时跟踪查询配种进程，直观显示编号、耳号、配种时间、操作时间、操作、配种次数、公羊耳号、配种时间、配种类型、配种人员等信息。

10.6 种公羊的淘汰

种公羊的繁殖能力关系到羊场的生产性能，进而会影响羊群养殖的经济效益。在日常的饲养管理过程中，饲养员还应该留意种公羊的生理状况，及时将体弱、患病、精液品质差、性欲不高的种公羊给淘汰掉，保证后代的生产性能。

使用智能化养殖手持端设备，点击"淘汰"，扫描羊只耳号或输入"羊耳号"，选择"淘汰原因"，输入"体重"，点击"保存淘汰信息"，上传羊只淘汰信息（图10-13）。

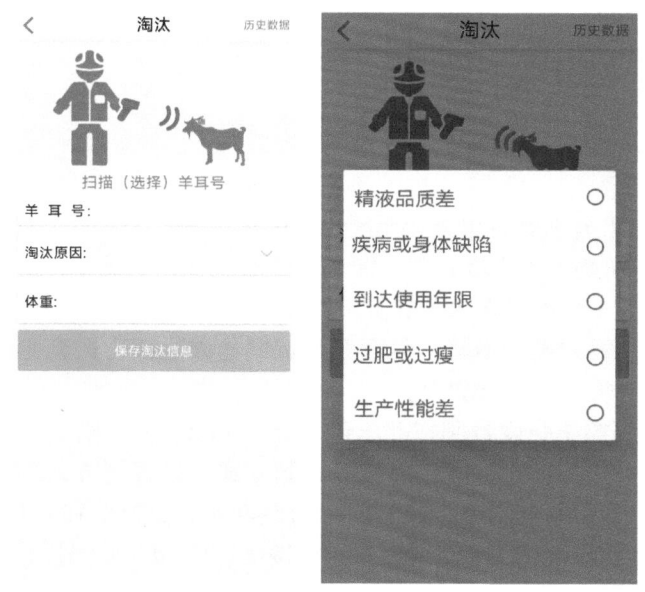

图10-13 羊只淘汰

参考文献

扎曼太·别克巴依，2015.种公羊的饲养管理要点[J].新疆畜牧业（3）：33.

微信扫码进入线上平台

第十一章　育肥羊智能化饲养管理

　　肉羊育肥因各地生态环境、饲养方式、经营规模等实际情况而不同。根据生理阶段分为哺乳期羔羊育肥、早期断奶羔羊强度育肥、断奶羔羊育肥、当年羔羊育肥和成年羊育肥；根据饲养方式可分为放牧育肥、舍饲育肥和放牧补饲育肥。舍饲育肥是在良好的饲喂条件下科学合理地对羊进行集中育肥的养殖方式，在育肥期内，采取科学合理的饲养管理措施，饲喂搭配合理的饲粮，羊只增重速度较快，具有育肥期短、市场适应性好、经济高效的特点，相较于放牧育肥和放牧补饲育肥，更受养殖企业和市场青睐。本章以生理阶段为主线，重点介绍舍饲条件下羔羊育肥和成年羊育肥饲养管理技术。

11.1　育肥羊的智能化饲养

11.1.1　羔羊育肥

　　羔羊育肥是利用羔羊周岁前生长速度快、饲料报酬高等特点进行的育肥，包括哺乳期羔羊育肥、早期断奶羔羊强度育肥、断奶羔羊育肥和当年羔羊育肥4种类型。

　　（1）哺乳期羔羊育肥是在羔羊10日龄开始提高补饲水平，至3月龄，屠宰体重达到30 kg出栏上市的育肥方式，不属于强度育肥。饲养方法：舍饲育肥，母仔同时加强补饲，尽早饲喂开食料，每天补饲2次。

　　（2）早期断奶羔羊强度育肥指羔羊经过45～60 d哺乳，断奶后育肥到120～150日龄，屠宰体重达到25～35 kg时出栏上市的育肥方式。该育肥方式的意义在于使母羊全年繁殖，安排在秋季和冬季产羔。羔羊在1.5月龄断奶，断奶前15 d实行隔栏补饲。饲养管理要点：一是由于羔羊1.5月龄断奶，需要在断奶前15 d开始隔栏补饲；二是合理搭配日粮；三是做好免疫。

　　（3）断奶羔羊育肥是指羔羊2～3月龄断奶，育肥到6～8月龄，屠宰体重公羔达到50 kg、母羔达到40 kg出栏上市的育肥方式。在羔羊完全断奶后，养殖场会将饲养管理工作设置成两个环节，分别是预饲和正式饲养。预先饲养的环节为期15 d，主要是让羔羊能够适应定时定量的喂养方式。注意在断奶后使用的饲料应具有多汁性、适口性的特点，避免羔羊出现食欲下降或消化系统功能异常的情况。预先饲养任务结束后，仔细地检查羔羊的身体健康状况，确保合格之后才能进入正式的规模化饲养阶段。

　　（4）当年羔羊育肥是指羔羊断奶后先进行一段时间的放牧，后进行舍饲育肥，屠宰体重35 kg上市出栏的育肥方式。这种育肥方式前期以奶为主、以草料为辅，中期依靠草料，后期增加精饲料量使之增膘。

11.1.2 成年羊育肥

成年羊育肥周期通常为40～80 d，主要根据育肥前成年羊的膘情决定。膘情较好的成年羊育肥时间较短。成年羊育肥前、中、后结算时间比例通常为1：2：1。根据整体的育肥周期，合理分配各阶段育肥时间。另外，育肥期间饲料配比与羔羊基本相同。育肥前、中、后阶段精饲料饲喂量分别为0.4～0.7 kg、0.6～1 kg以及1.5～1.8 kg。粗饲料饲喂量分别为1.2 kg、1 kg以及0.8 kg。成年羊育肥结束后平均日增重可高达200 g，宰前活重通常高于45 kg。育肥期间成年羊的饲喂应注意先喂粗饲料再喂精饲料，饲喂量不可过多，否则肉羊容易发生胃肠道疾病。保持少量多次的饲喂原则，不仅可以提高肉羊的食欲，增加采食量和饲料转化率，还可以避免料槽中剩余饲料过多而发生霉变现象，有利于保证饲料的新鲜程度。每次饲喂量应保持在半小时内吃完为宜。饲养人员还应注意及时提供充足的清洁饮水，也可以提高肉羊食欲和采食。

按照育肥前成年羊的膘情，将羊分群。使用智能化养殖手持端设备，点击"调群"上传调群信息，也可以使用羊智慧养殖管理系统中调群管理功能完成。

11.2 屠宰销售管理

屠宰销售管理通过羊智慧养殖管理系统中客户管理、羊销售、销售记录和屠宰记录4个部分完成。

11.2.1 客户管理

将"编号""客户名称""联系人名称""联系电话""客户类型"录入，建立客户档案，集中管理、动态管理、分类管理。

输入"客户名称"关键字，查询客户信息（图11-1）。

图11-1 客户管理

点击"添加",输入"客户名称""联系人""手机号",选择"客户类型",添加客户信息（图11-2）。

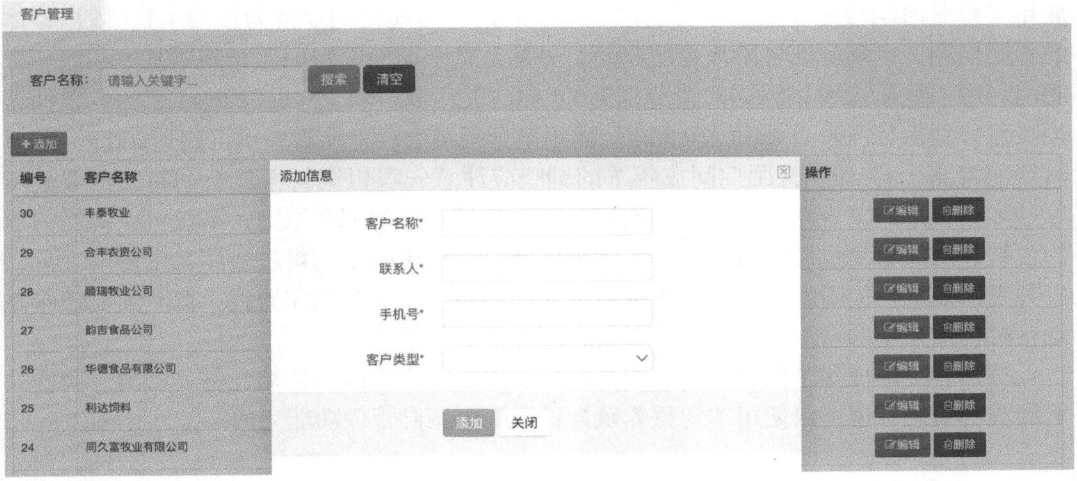

图11-2　添加客户信息

11.2.2　羊销售

羊只完成销售后,操作人将销售羊只"编号""耳号""销售时间""操作人"等信息进行记录上传,可通过羊耳号、时间等信息一键查询羊销售具体情况。

输入"羊耳号"关键字,选择"时间",查询羊销售信息（图11-3）。

图11-3　查询羊销售信息

点击"添加",选择"羊耳号""销售时间""操作人",添加羊销售记录（图11-4）。

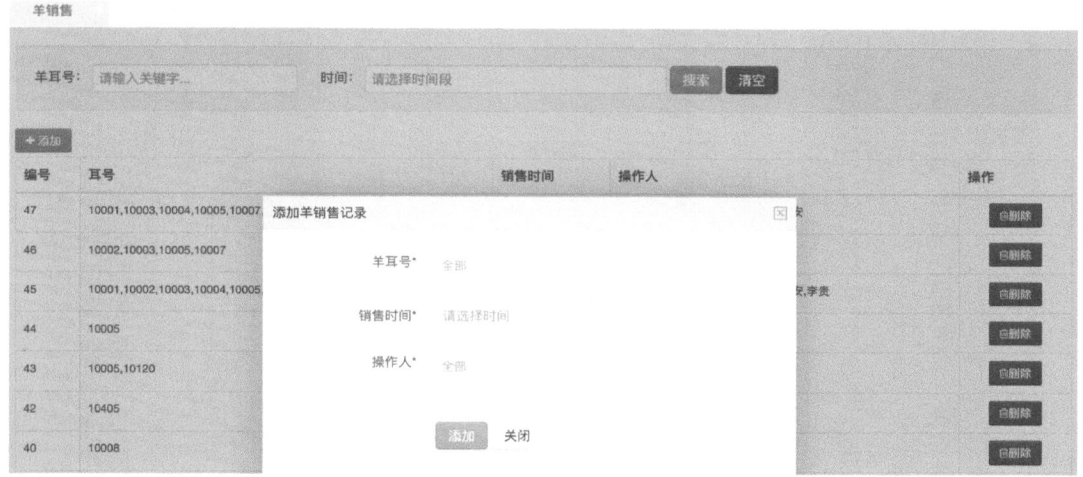

图11-4　添加羊销售记录

11.2.3　销售记录

　　销售记录将每一笔交易"编号""客户类型""客户名称""客户联系人""客户联系电话""羊数量""羊重量""羊单价""羊总价""选羊人""称重人""复核人""收款人""销售时间"等信息实时上传录入，形成记录。以加强公司销售管理，扩大产品销售，提高销售人员积极性，完成销售目标，提高经营绩效，更高效地收回款项，健全责任制度。

　　输入"客户名称"关键字，选择"销售时间"，查询销售记录（图11-5）。

　　点击"添加"，选择"客户类型""客户名称"后，自动选择"客户联系人""客户联系人电话"，输入"数量""重量""单价"，自动计算"总价"，进一步选择"选羊人""称重人""复核人""收款人""销售时间"，添加销售记录（图11-6）。

销售记录

| 客户名称： | 请输入关键字... | | 销售时间： | 请选择时间段 | | | | 搜索 | 清空 |

编号	客户类型	客户名称	客户联系人	客户联系电话	羊数量	羊重量	羊单价	羊总价	选羊人	称重人	复核人	收款人	销售时间	操作
36	外来客户	合丰农资公司	林经理	13304718664	34	102	1400	142800	张柱	王金宝	张柱	张柱	2020-12-28	删除
35	固定客户	顺瑞牧业公司	原经理	18855648219	41	86	1400	120400	张柱	张安安	张安安	孟和苏拉	2021-01-04	删除
34	流动客户	张浩	钱经理	17456445984	23	68	1400	95200	张柱	李贵	张柱	李贵	2020-12-25	删除
33	流动客户	利达饲料	张经理	18512574485	23	98	1400	137200	张柱	王龙	张柱	张柱	2020-12-22	删除
32	固定客户	来信行	赵经理	18910047456	12	90	1400	126000	张柱	张柱	张柱	张柱	2020-11-23	删除
31	固定客户	张嘉文	王经理	18910033826	12	88	1400	123200	张柱	张柱	张柱	张柱	2020-11-23	删除
30	固定客户	李屯	孙经理	18910033245	32	78	1400	109200	张柱	张柱	张柱	张柱	2020-09-14	删除

图11-5　查询销售记录

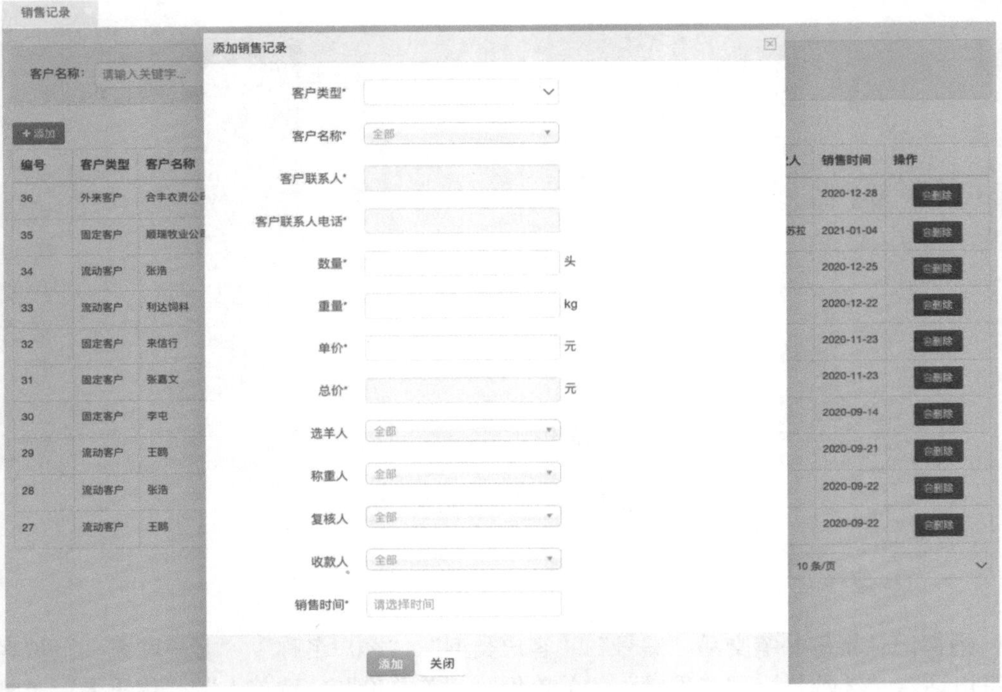

图11-6 添加销售记录

11.2.4 屠宰记录

羊只完成屠宰后，工作人员将"编号""羊耳号""屠宰时间""活体重""胴体重""净肉重""头蹄重""屠宰率""净肉率""眼肌厚""相关人姓名"等信息录入上传。可通过输入羊耳号、屠宰时间一键检索屠宰相关信息。

选择"羊耳号""屠宰时间"，查询屠宰记录信息（图11-7）。

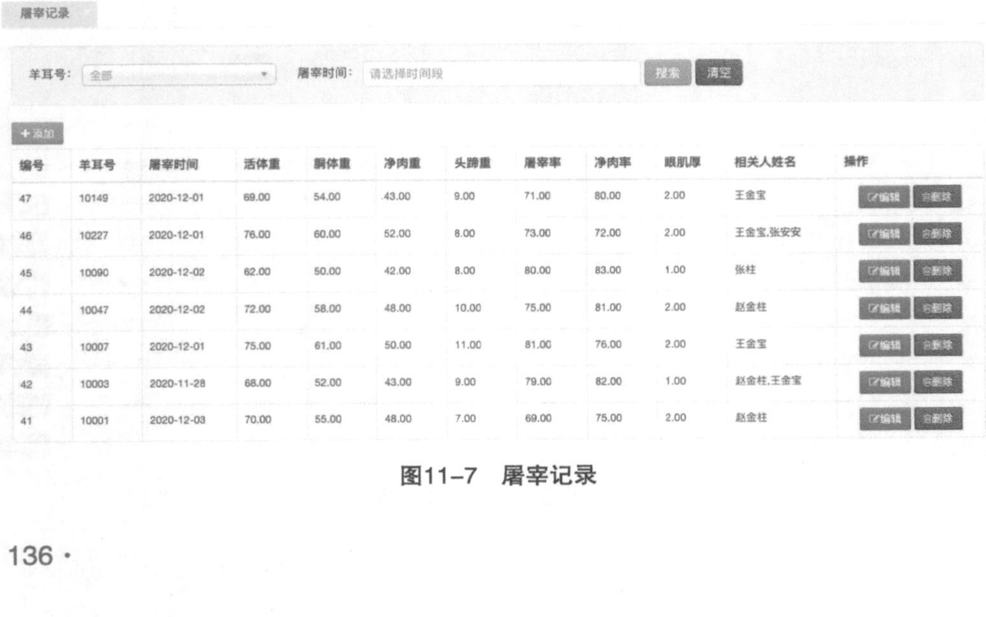

编号	羊耳号	屠宰时间	活体重	胴体重	净肉重	头蹄重	屠宰率	净肉率	眼肌厚	相关人姓名	操作
47	10149	2020-12-01	69.00	54.00	43.00	9.00	71.00	80.00	2.00	王金宝	编辑 删除
46	10227	2020-12-01	76.00	60.00	52.00	8.00	73.00	72.00	2.00	王金宝,张安安	编辑 删除
45	10090	2020-12-02	62.00	50.00	42.00	8.00	80.00	83.00	1.00	张柱	编辑 删除
44	10047	2020-12-02	72.00	58.00	48.00	10.00	75.00	81.00	2.00	赵金柱	编辑 删除
43	10007	2020-12-01	75.00	61.00	50.00	11.00	81.00	76.00	2.00	王金宝	编辑 删除
42	10003	2020-11-28	68.00	52.00	43.00	9.00	79.00	82.00	1.00	赵金柱,王金宝	编辑 删除
41	10001	2020-12-03	70.00	55.00	48.00	7.00	69.00	75.00	2.00	赵金柱	编辑 删除

图11-7 屠宰记录

　　点击"添加"，选择"羊耳号"，输入"活体重""胴体重""净肉重""头蹄重""屠宰率""净肉率""眼肌厚"，选择"屠宰时间""相关人员"，添加羊只屠宰记录（图11-8）。

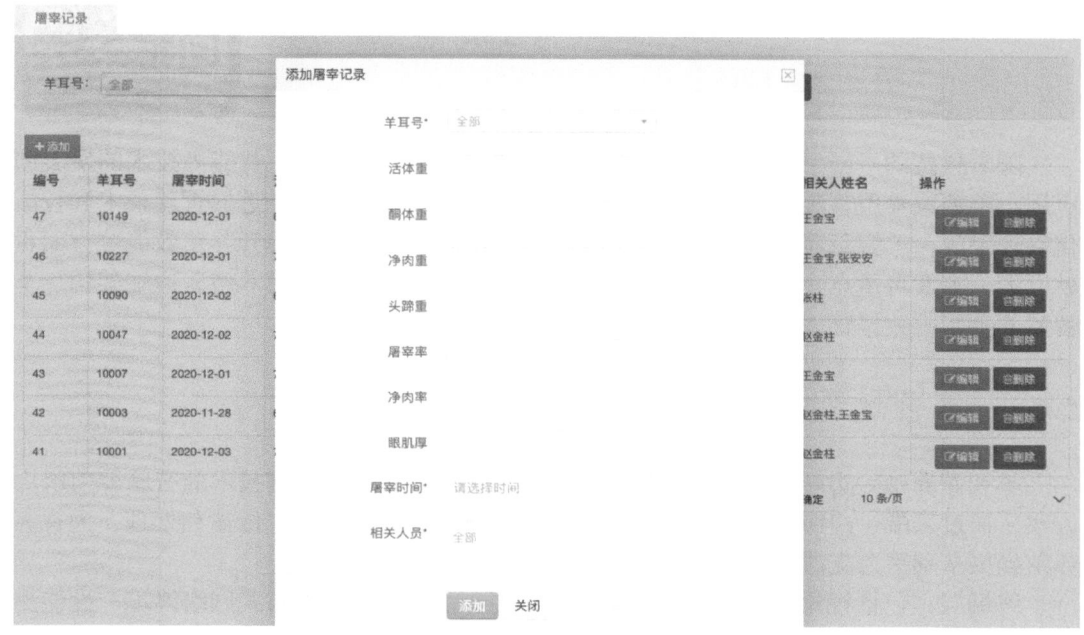

图11-8　添加羊只屠宰记录

参考文献

李成保，2023. 舍饲育肥羊饲养管理要点[J]. 四川畜牧兽医，50（7）：45-46.

王喜梅，2023. 肉羊舍饲育肥技术要点和饲养管理方法[J]. 中国畜牧业（19）：71-72.

微信扫码进入线上平台

第十二章　羊智慧养殖管理

随着科技的不断发展，特别是传感器、物联网、云计算、人工智能等技术的发展和应用，羊智慧养殖管理已成为现代养殖业的重要趋势。通过运用先进的管理技术和智能化管理手段，羊智慧养殖管理在提高养殖效率、优化养殖环境、提升养殖效能等方面贡献巨大。本章将重点介绍羊智慧养殖管理的核心内容，包括羊智慧养殖云边端架构、羊智慧养殖四维数据管理和羊智慧养殖管理系统。

12.1　羊智慧养殖云边端架构

羊智慧养殖云边端架构是一种基于云计算、边缘计算和物联网技术的智慧养殖解决方案，通过云端、边缘端和终端的配合，实现了数据的高效采集、传输和处理，为智慧养殖提供基础平台支撑（图12-1）。

终端层，包括视觉传感终端、环境传感终端、手持终端、分布式网络终端、性能测定终端等，是最基础的养殖场数据感知层，通过终端层，平台可以实现对羊场场景、环境、生产过程、个体体征4个维度的全方位感知。

边缘计算层：边缘计算层部署在养殖场内的服务器或设备上，负责接收和处理传感器网络层传输的数据。通过初步的数据整理和数据分析同时应用机器学习等技术手段，实现对养殖环境和羊只健康的实时监测和预警，为养殖决策提供支持，同时针对养殖场网络异常及中断等特殊情况，解决单纯云服务因为网络中断而影响生产的问题。

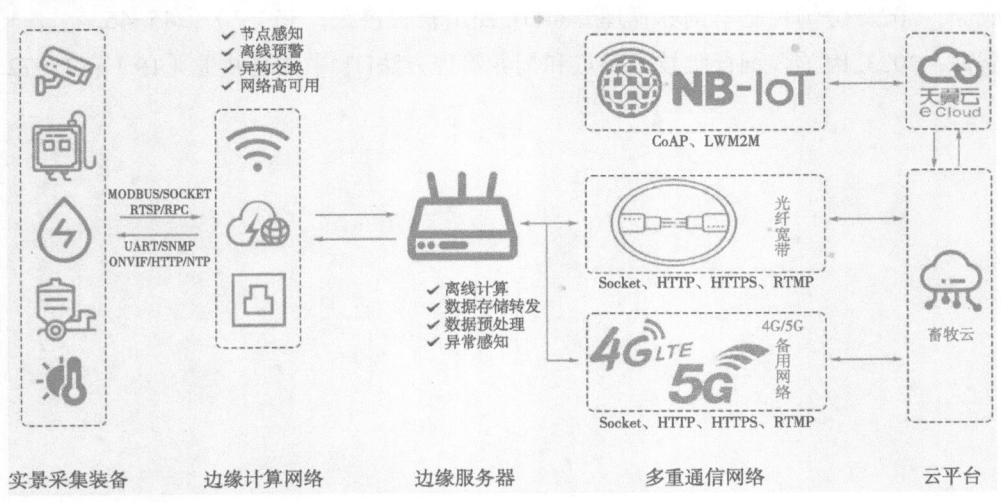

图12-1　云边端网络架构

同时，为了杜绝长时间网络中断对生产的影响，保障生产网络的可靠性和稳定性，云边端通信系统通常采用多重通信网络架构。这种架构使用多种通信技术和网络路径，以确保数据在传输过程中不会丢失或受到干扰。这些通信技术和网络路径可以包括光纤宽带网络、4G/5G无线网络、NB-IoT物联网络等。

在多重通信网络中，数据可以通过多个路径同时传输，以确保至少有一种路径可以成功传输数据。这种冗余设计可以大大减少网络故障和数据丢失的风险。如果某个网络路径出现故障或拥堵，数据可以自动切换到其他可用的路径进行传输。这种自动切换功能通常是由网络管理系统控制的，可以根据网络实时状况进行动态调整。

多重通信网络不仅可以提高数据传输的可靠性和稳定性，还可以有效地利用网络资源，避免单点故障和瓶颈问题。这种分布式架构设计可以使得网络更加灵活，适应各种复杂的应用场景和需求。

12.2 羊智慧养殖四维数据管理

羊智慧养殖四维数据管理是指在羊养殖过程中，通过引入信息技术和数据分析手段，对养殖场景实景、环境实景、过程实景、体征实景4个方面进行系统全面的数据收集、数据管理、数据融合。对四维数据的管理，是实现养殖场数字化、孪生化、智慧化的基础。四维实景数据展示如图12-2所示。

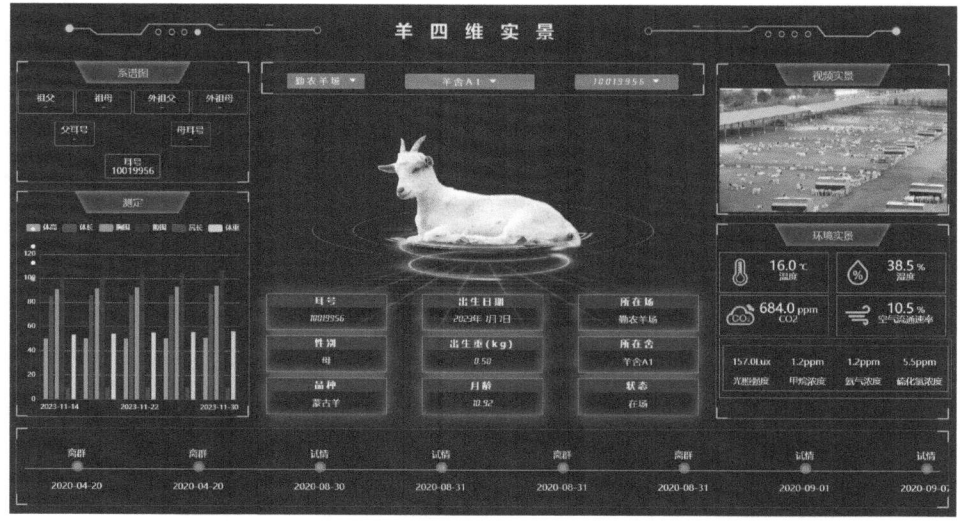

图12-2 羊四维实景

为了满足快速变化的基础架构需求，实现高扩展性和灵活性，虚拟化、私有云和容器技术在IT基础设施中得到广泛应用。然而，传统数据中心架构由于传统的SAN+NAS存储方案无法应对复杂的应用需求而变得日益复杂。传统存储解决方案是软硬件紧密耦合的单体架构，带来高昂的建设和维护成本，并且由于企业信息化建设的逐步推进，烟囱式架构随处可见，导致各应用和存储子系统之间的数据不共享，难以实现业务联动协同。此外，云和容器技术给存储和数据管理带来了额外的负担。

智慧养羊业务面临着多种数据库负载、虚拟化应用和云原生应用的存储需求，而传统的统一数据管理和数据存储平台显然代价过高且后期管理成本高昂。因此，利用现有云计算、云存储、云数据库平台以及自建数据存储服务，建立更高效、可靠、低成本的数据存储、管理和自动化运维机制至关重要。

四维实景数据管理包括羊养殖过程中终端、边缘端、云端的结构化数据以及非结构化数据的全流程采集、存储、校验、同步、收集、融合及决策删除。结构化数据是通过关系型数据库进行存储和管理的，其中包括环境实景数据、大部分过程实景数据和部分个体体征实景数据。非结构化数据则是数据结构不规则的数据，不适合使用关系型数据库来存储。其中包括场景实景数据、少量过程实景数据（如图片、文档）和部分个体体征实景数据（如图片、音频、视频）。

对于结构化数据的管理，可以利用关系型数据库和辅助的NoSQL数据库进行存储和管理，这涉及云端数据存储、边缘端数据存储、终端数据存储以及数据缓存。对于非结构化数据，可以使用文件存储和分布式对象存储来进行存储和管理，这涉及云端数据存储和边缘端数据存储。

12.3　羊智慧养殖管理系统

羊智慧养殖管理系统由养殖管理系统和终端养殖App构成，养殖管理系统包括精准饲喂、物料管理、养殖管理、提醒预警、性能分析、性能测定、疾病防疫、屠宰销售、实景监控9大模块（图12-3），涵盖了养殖过程中的生产、经营、管理、服务的全要素，实现了全过程和全系统地实时监控和智能管理，改善了动物生长环境、健康状态、动物福利，提高了动物产能产量，减轻了养殖对环境的影响，促进了养羊产业现代化发展。终端养殖App包括工作、提醒预警、羊场概览以及设置4个部分（图12-4），养殖人员通过手持终端点一点、选一选、扫一扫即可完成生产任务。

图12-3　智能养羊管理系统

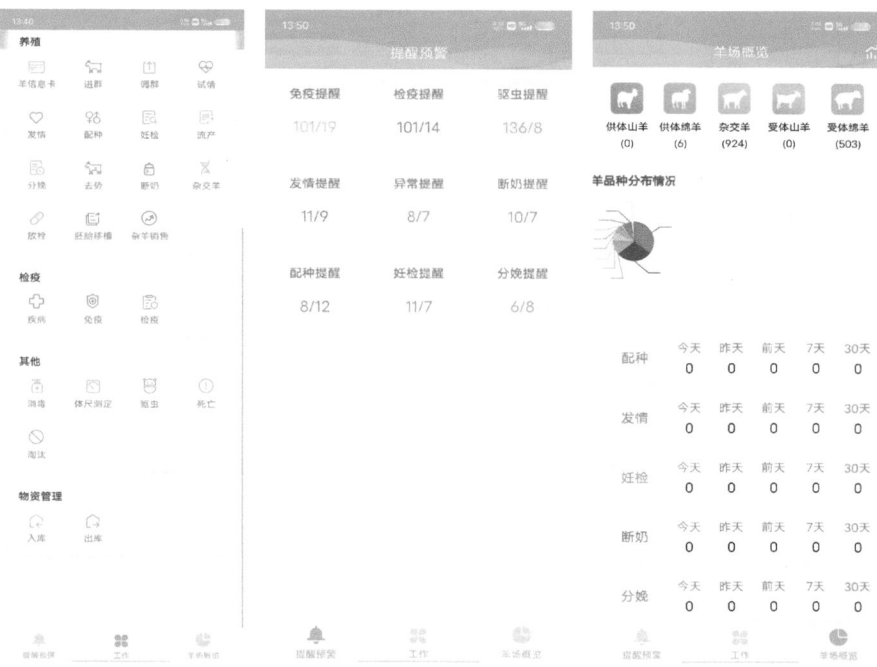

图12-4 终端养殖App

12.3.1 精准饲喂

精准饲喂管理主要是由精准饲喂管理软件和智能饲喂设备组成，可分为TMR设备管理、日粮管理、任务预览、报表系统4个部分。

12.3.1.1 TMR设备管理

TMR设备管理模块用来对养殖场的TMR设备进行管理，具备"查询""编辑""添加"功能（图12-5）。

TMR设备管理

TMR编号：　　　　　　　所属场：　　　　　　∨　搜索　清空

+添加

TMR编号	所属场	添加时间	状态	操作
906834	内蒙古志强羊业	2020-12-08 08:18:05	启用	编辑 删除
9802856	内蒙古志强羊业	2020-11-24 12:01:30	启用	编辑 删除
9802874	内蒙古志强羊业	2020-11-24 12:00:46	启用	编辑 删除
1	内蒙古志强羊业	2021-02-02 09:28:18	启用	编辑 删除
9802874	内蒙古多赛特种羊场	2021-02-02 09:28:42	启用	编辑 删除

图12-5 TMR设备管理

13.3.1.2 日粮管理

日粮管理模块由配方管理、圈舍配方、TMR任务和TMR班次4个部分组成。"配方管理"用来管理养殖场使用的饲料配方（图12-6）。"圈舍配方"实现为某一羊舍配方的精确管理（图12-7）。通过"TMR任务"功能将配料投料任务下发至养殖人员（图12-8）。"TMR班次"实现了对配料投料任务完成情况的精准记录（图12-9）。各部分均具备"查询""编辑""添加"功能。

配方管理

| 配方名称： | 请输入关键字... | | 搜索 | 清空 |

+添加

编号	配方名称	配置人	状态	配方价格	备注	操作
15	育肥羊	赵金柱	禁用	1663.00		配方详情 编辑 删除
14	妊娠后期及泌乳期母羊	张柱	启用	1361.00		配方详情 编辑 删除
13	空怀期及妊娠早期母羊	王金宝	启用	1786.30		配方详情 编辑 删除
12	种公羊及后备公羊	孟和苏拉	禁用	1815.60		配方详情 编辑 删除
10	干物质配方	巴特尔	启用	4413.75		配方详情 编辑 删除
9	肉羊配方	张柱	启用	2000.00		配方详情 编辑 删除
1	羔羊配方	赵金柱	禁用	1990.00	000	配方详情 编辑 删除

图12-6 配方管理

圈舍配方

圈名称	饲喂头数	配方名称	班次比例	状态	操作
奶山羊奶厅			：：：	-	编辑
测定中心			：：：	-	编辑
羊舍1	100	空怀期及妊娠早期母羊	60：0：40：0	禁用	编辑
羊舍10	32	妊娠后期及泌乳期母羊	30：10：20：40	启用	编辑
羊舍11	100	空怀期及妊娠早期母羊	30：30：20：20	启用	编辑
羊舍12	88	空怀期及妊娠早期母羊	60：0：40：0	启用	编辑
羊舍13	95	空怀期及妊娠早期母羊	60：0：40：0	启用	编辑
羊舍14	152	空怀期及妊娠早期母羊	60：0：40：0	启用	编辑
羊舍15	113	空怀期及妊娠早期母羊	50：0：50：0	启用	编辑
羊舍2	120	空怀期及妊娠早期母羊	60：0：40：0	启用	编辑
羊舍3	110	空怀期及妊娠早期母羊	60：0：40：0	启用	编辑

图12-7 圈舍配方

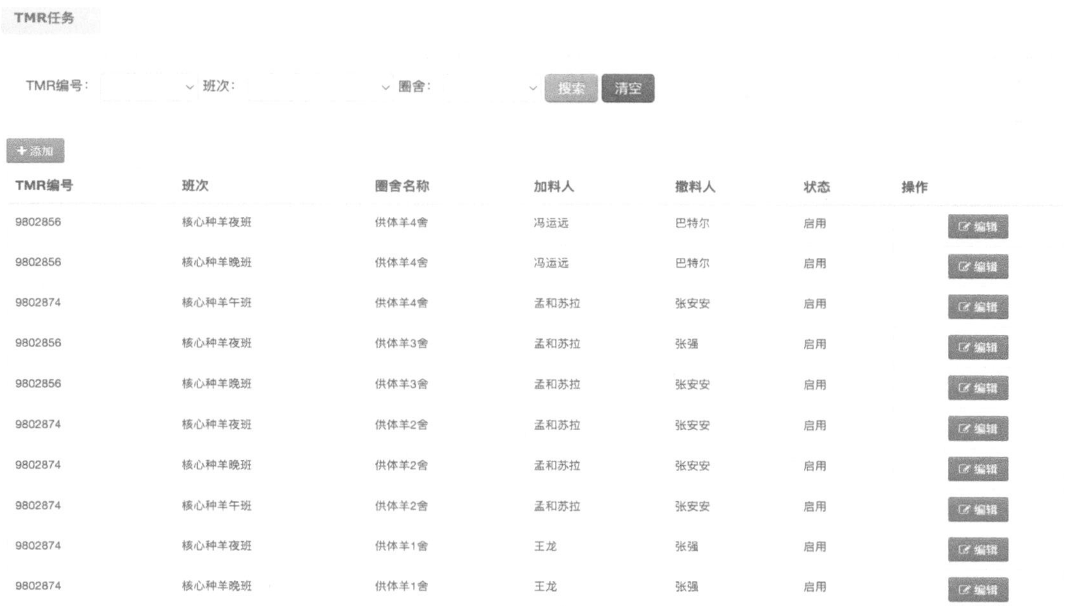

TMR任务

TMR编号: ▽　班次: ▽　圈舍: ▽　[搜索] [清空]

[+添加]

TMR编号	班次	圈舍名称	加料人	撒料人	状态	操作
9802856	核心种羊夜班	供体羊4舍	冯运远	巴特尔	启用	[编辑]
9802856	核心种羊晚班	供体羊4舍	冯运远	巴特尔	启用	[编辑]
9802874	核心种羊午班	供体羊4舍	孟和苏拉	张安安	启用	[编辑]
9802856	核心种羊夜班	供体羊3舍	孟和苏拉	张强	启用	[编辑]
9802856	核心种羊晚班	供体羊3舍	孟和苏拉	张安安	启用	[编辑]
9802874	核心种羊夜班	供体羊2舍	孟和苏拉	张安安	启用	[编辑]
9802874	核心种羊晚班	供体羊2舍	孟和苏拉	张安安	启用	[编辑]
9802874	核心种羊午班	供体羊2舍	孟和苏拉	张安安	启用	[编辑]
9802874	核心种羊夜班	供体羊1舍	王龙	张强	启用	[编辑]
9802874	核心种羊晚班	供体羊1舍	王龙	张强	启用	[编辑]

图12-8　TMR任务

TMR班次

[+添加]

班次	说明	开始时间	结束时间	操作
1	核心种羊早班	06:30:00	07:30:00	[编辑]
2	核心种羊午班	12:00:00	13:30:00	[编辑]
1	育肥早班	07:00:00	07:30:00	[编辑]
2	育肥午班	11:30:00	12:00:00	[编辑]
3	育肥晚班	17:00:00	17:30:00	[编辑]
4	育肥夜班	21:00:00	21:30:00	[编辑]
3	核心种羊晚班	17:00:00	17:30:00	[编辑]
4	核心种羊夜班	21:30:00	22:00:00	[编辑]

图12-9　TMR班次

12.3.1.3　任务预览

加料预览（图12-10）和撒料预览（图12-11）展示了圈舍的加料和撒料情况，包括TMR编号、班次、圈舍名称、配方、头数、重量等信息，便于养殖人员了解圈舍投喂料情况，具备通过TMR编号或班次查询的功能。

加料预览

图12-10　加料预览

撒料预览

图12-11　撒料预览

12.3.1.4　报表系统

报表系统包括了加料报表、撒料报表、加料汇总及撒料汇总。加料报表（图12-12）和撒料报表（图12-13）展示了某次加料和撒料的实际完成情况，通过计算"误差值"和"误差率"掌握加料和撒料效率，及时对加料人和撒料人的工作进行优化调整，这2个部分功能均可通过"日期""TMR编号""班次"进行查询。加料汇总（图12-14）展示了某天饲料原料的总体使用情况及误差，撒料汇总（图12-15）展示了某天圈舍的撒料总量及误差，2个功能便于养殖人员总体分析加料和撒料情况，均具备通过日期查询的功能。

加料报表

日期：　　　　　TMR编号：全部　　班次：全部　　　搜索　清空

日期	TMR编号	班次	饲料名称	计划重量	实际重量	计划价格	实际价格	误差值	误差率
2020-12-09	9802874	育肥早班	苜蓿干草	800	835	1,600.00	1,670.00	70.00	4.38%
2020-12-09	9802874	育肥早班	玉米	200	192	400.00	384.00	-16.00	-4.00%
2020-12-09	9802874	核心种羊早班	豆粕	125	123	375.00	369.00	-6.00	-1.60%
2020-12-09	9802874	核心种羊早班	玉米青贮	875	882	262.50	264.60	2.10	0.80%
2020-12-09	9802874	核心种羊早班	玉米	33	32	72.60	70.40	-2.20	-3.03%
2020-12-09	9802874	核心种羊早班	麸皮	5	5	15.00	15.00	0.00	0.00%
2020-12-09	9802874	核心种羊早班	豆粕	9	9	29.70	29.70	0.00	0.00%
2020-12-09	9802874	核心种羊早班	鱼粉	1	1	8.00	8.00	0.00	0.00%
2020-12-09	9802874	核心种羊早班	碳酸氢钙	1	1	15.00	15.00	0.00	0.00%
2020-12-09	9802874	核心种羊早班	食盐	1	1	1.00	1.00	0.00	0.00%

图12-12　加料报表

撒料报表

日期：　　　　　TMR编号：全部　　班次：全部　　　搜索　清空

日期	TMR编号	班次	圈舍	计划重量	实际重量	计划价格	实际价格	误差值	误差率	完成时间	配方名称	饲喂头数	加料人	撒料人
2020-12-09	9802874	育肥夜班	杂交羊A1舍	300	206	600.00	412.00	-188.00	-31.33%	2020-12-09 21:15	肉羊配方	130	王龙	张强
2020-12-09	9802874	育肥晚班	杂交羊A1舍	300	206	600.00	412.00	-188.00	-31.33%	2020-12-09 17:38	肉羊配方	130	王龙	张强
2020-12-09	9802856	核心种羊晚班	供体羊3舍	400	419	716.00	750.01	34.01	4.75%	2020-12-09 17:22	空怀期及妊娠早期母羊	110	孟和苏拉	张安安
2020-12-09	9802856	核心种羊晚班	供体羊4舍	400	385	716.00	689.15	-26.85	-3.75%	2020-12-09 17:04	空怀期及妊娠早期母羊	110	孟和苏拉	张安安
2020-12-09	9802874	育肥午班	杂交羊A1舍	200	206	400.00	412.00	12.00	3.00%	2020-12-09 12:00	肉羊配方	130	王龙	张强
2020-12-09	9802874	育肥早班	杂交羊A1舍	200	206	400.00	412.00	12.00	3.00%	2020-12-09 07:40	肉羊配方	130	王龙	张强
2020-12-09	9802874	核心种羊早班	供体羊8舍	300	308	1,323.00	1,358.28	35.28	2.67%	2020-12-09 07:39	干奶期配方	300	孟和苏拉	张安安
2020-12-09	9802874	核心种羊早班	供体羊3舍	600	596	1,074.00	1,066.84	-7.16	-0.67%	2020-12-09 07:28	空怀期及妊娠早期母羊	110	孟和苏拉	张安安
2020-12-09	9802874	核心种羊早班	供体羊4舍	600	629	1,074.00	1,125.91	51.91	4.83%	2020-12-09 07:27	空怀期及妊娠早期母羊	110	孟和苏拉	张安安
2020-12-08	9802874	育肥夜班	杂交羊A1舍	300	206	600.00	412.00	-188.00	-31.33%	2020-12-08 21:26	肉羊配方	130	王龙	张强

图12-13　撒料报表

加料汇总

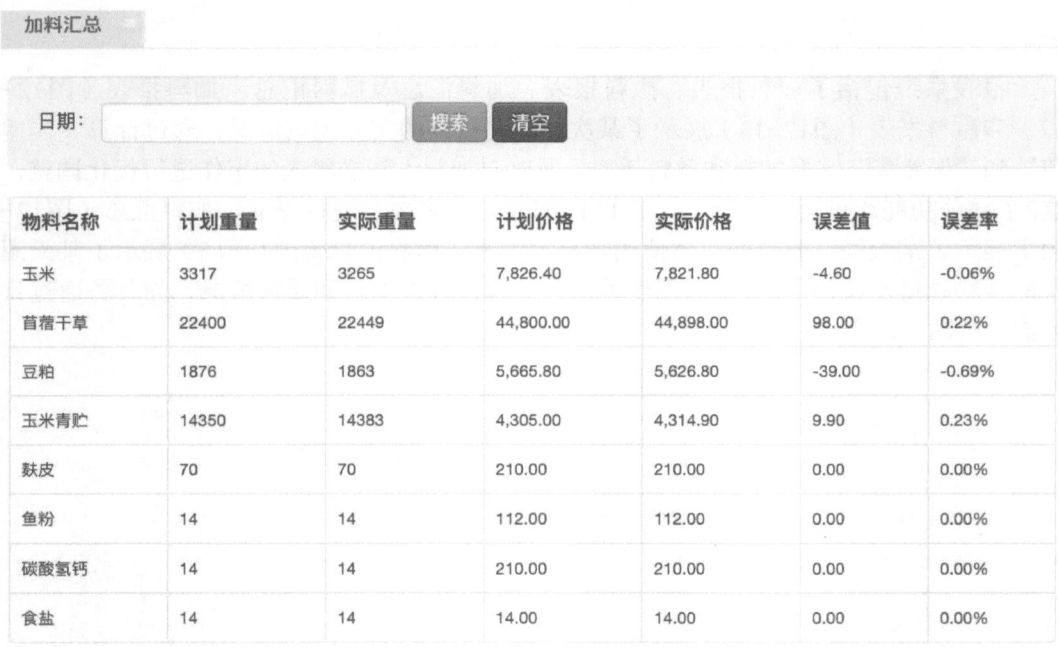

物料名称	计划重量	实际重量	计划价格	实际价格	误差值	误差率
玉米	3317	3265	7,826.40	7,821.80	-4.60	-0.06%
苜蓿干草	22400	22449	44,800.00	44,898.00	98.00	0.22%
豆粕	1876	1863	5,665.80	5,626.80	-39.00	-0.69%
玉米青贮	14350	14383	4,305.00	4,314.90	9.90	0.23%
麸皮	70	70	210.00	210.00	0.00	0.00%
鱼粉	14	14	112.00	112.00	0.00	0.00%
碳酸氢钙	14	14	210.00	210.00	0.00	0.00%
食盐	14	14	14.00	14.00	0.00	0.00%

图12-14　加料汇总

撒料汇总

圈舍名称	计划重量	实际重量	计划价格	实际价格	误差值	误差率
供体羊8舍	4320	4298	21,162.00	20,713.18	-448.82	-2.12%
杂交羊A1舍	14000	11536	28,000.00	23,072.00	-4,928.00	-17.60%
供体羊3舍	14000	13968	25,060.00	25,002.72	-57.28	-0.23%
供体羊4舍	14000	14024	25,060.00	25,102.96	42.96	0.17%

图12-15　撒料汇总

12.3.2　物资管理

物资管理是指对各种生产资料的购销、储运、使用等，所进行的计划、组织和控制工作。基本任务是：搞好供、产、销平衡，按质、按量、配套、及时、均衡地供应企业所需要的各种生产资料，并监督和促进生产过程合理地、节约地使用物资。主要内容有：物资采购供应计划的编制和执行；积极组织货源，搞好物资订货、签订合同、采购、调剂、运输、调度等工作；搞好物资市场调查、预测，制定先进合理的物资储备定额，控制物资的合理库存量；提高仓库管理工作水平，做好物资的验收、保管、维护、发放和账务处理等工作；确定先进合理的物资消耗定额，综合利用，提高物资利用率等。物资管理系统下设内容包括：物资分类、物资管理、物资入库、物资出库和物资盘点（图12-16）。

图12-16　物料管理

12.3.2.1　物资分类

点击"物资分类"，输入"类型名称"，查询"编号""类型名称"物料分类详情（图12-17）。

物资分类

类型名称：请输入关键字...　　　搜索　清空

编号	类型名称
10	青贮
9	草料
8	工具
7	豆粕
6	蔬菜
5	物流
4	药品
3	精饲料
2	冷冻精液
1	疫苗

图12-17　物料分类

12.3.2.2 物资管理

点击"物资管理",选择"物资类型",输入"物资名称""物资编号",查询物资管理详情(图12-18)。点击"添加",选择"物资类型""单位",输入"物资名称""物资编号""物资价格",添加物资信息(图12-19)。点击"编辑""删除"对以上信息进行更改。

图12-18 物资管理

图12-19 添加物资信息

12.3.2.3　物资入库

点击"物资入库"，选择"仓库"，输入"物资名称""入库时间"，查询物资入库信息（图12-20）。

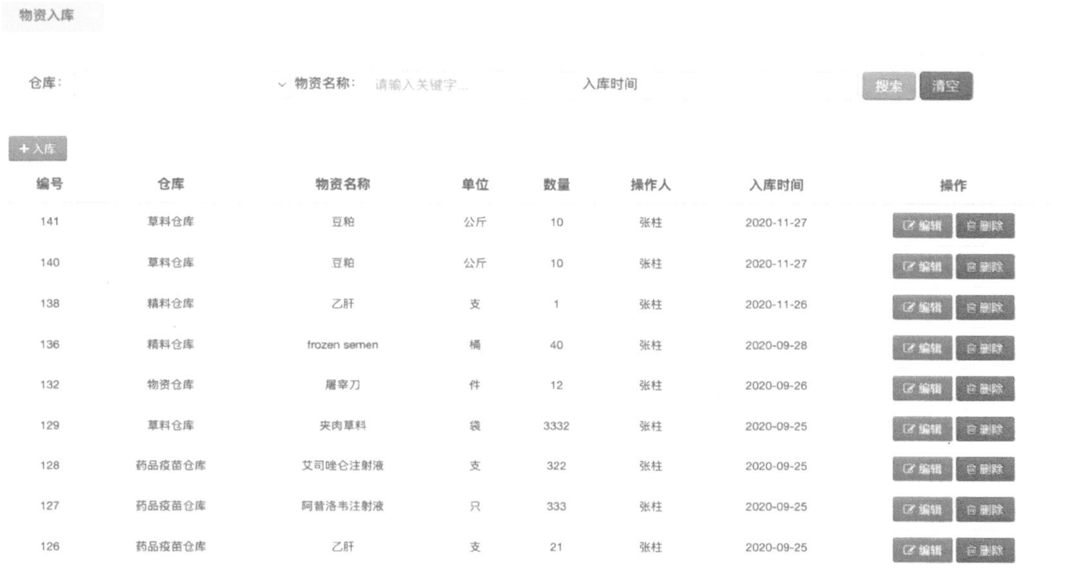

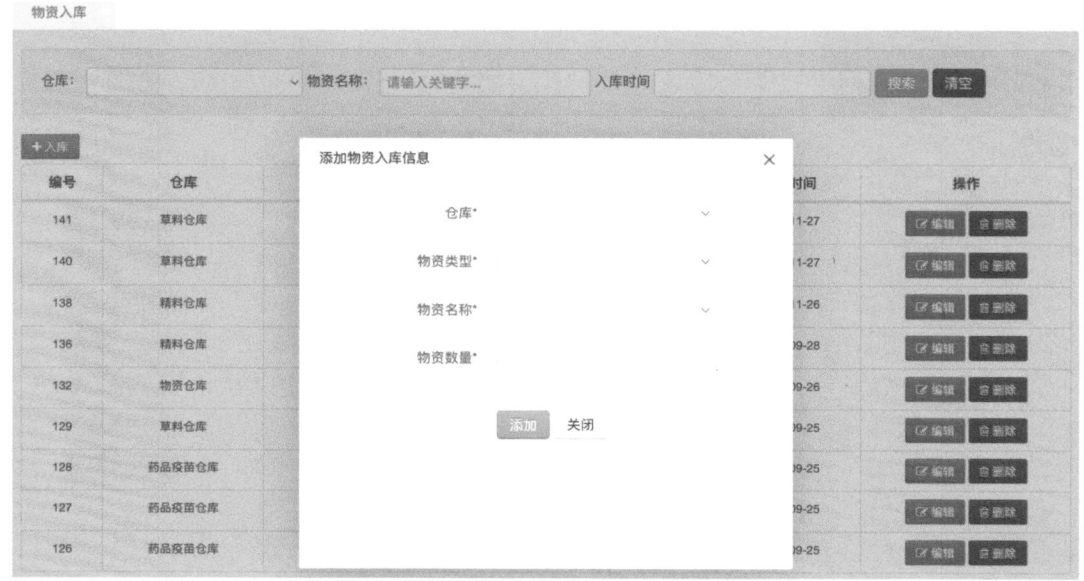

图12-20　物资入库

点击"入库"，选择"仓库""物资类型""物资名称"，输入"物资数量"，添加物资入库信息（图12-21）。

图12-21　添加物资入库信息

物资入库的App操作如图12-22所示。

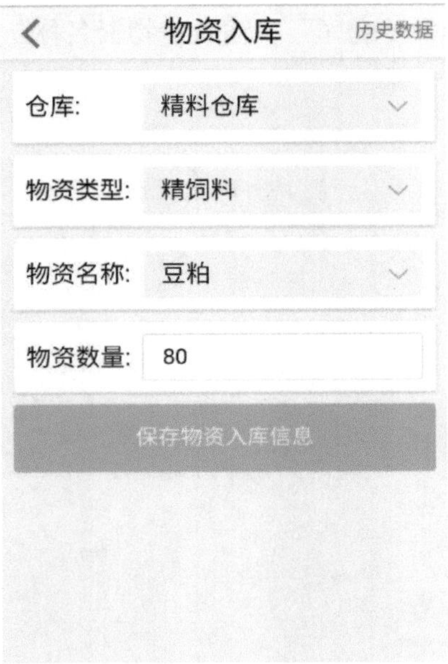

图12-22　物资入库App操作

12.3.2.4　物资出库

点击"物资出库"，选择"仓库"，输入"物资名称""入库时间"，查询物资出库信息（图12-23）。

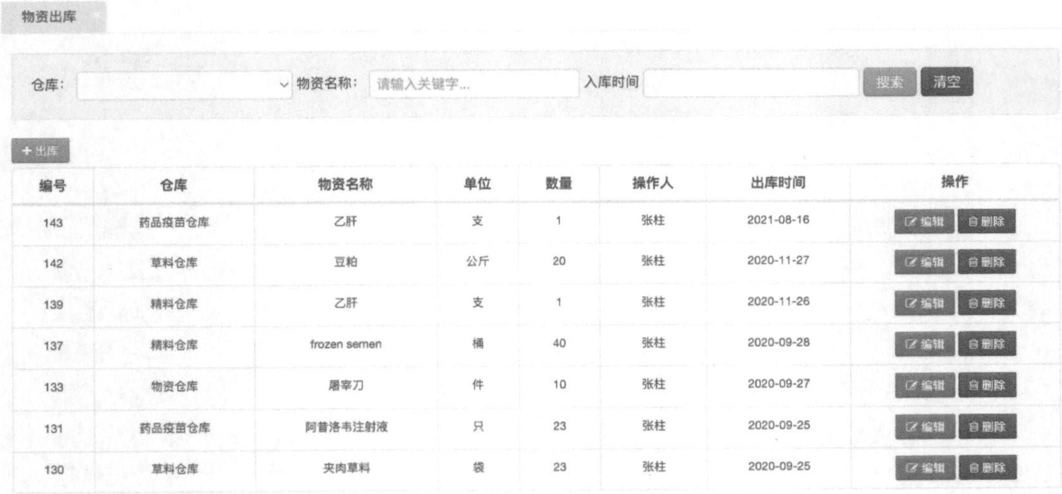

编号	仓库	物资名称	单位	数量	操作人	出库时间	操作
143	药品疫苗仓库	乙肝	支	1	张柱	2021-08-16	编辑 删除
142	草料仓库	豆粕	公斤	20	张柱	2020-11-27	编辑 删除
139	精料仓库	乙肝	支	1	张柱	2020-11-26	编辑 删除
137	精料仓库	frozen semen	桶	40	张柱	2020-09-28	编辑 删除
133	物资仓库	屠宰刀	件	10	张柱	2020-09-27	编辑 删除
131	药品疫苗仓库	阿昔洛韦注射液	只	23	张柱	2020-09-25	编辑 删除
130	草料仓库	夹肉草料	袋	23	张柱	2020-09-25	编辑 删除

图12-23　物资出库

点击"出库"，选择"仓库""物资类型""物资名称"，输入"物资总数""出库数量", 添加物资出库信息(图12-24)。

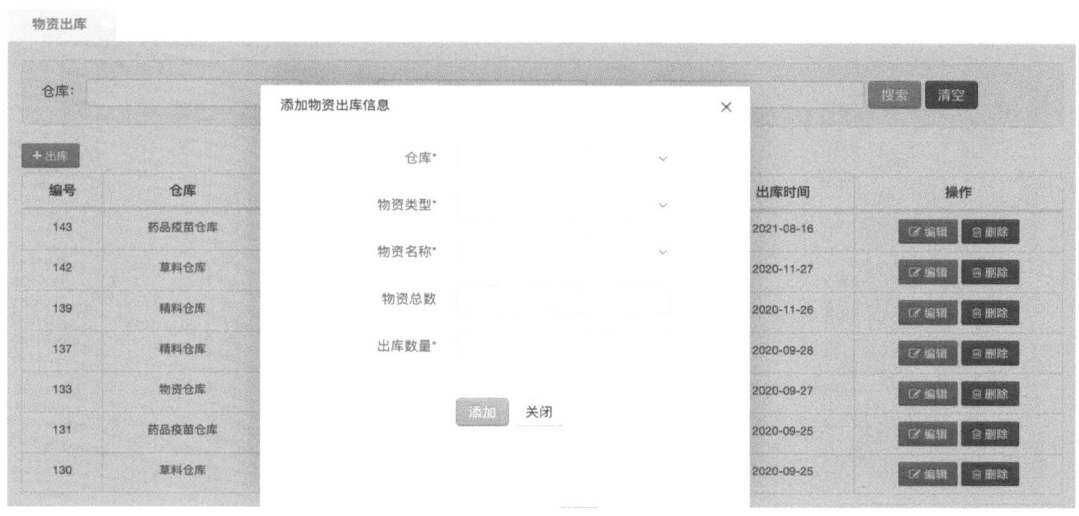

图12-24 添加物资出库信息

物资出库的App操作如图12-25所示。

图12-25 物资出库App操作

12.3.2.5 物资盘点

点击"物资盘点",选择"仓库""物资类型",输入"物资名称",查询物资盘点信息(图12-26)。

物资盘点

| 仓库： | ∨ | 物资类型： | ∨ | 物资名称： | 请输入关键字... | | 搜索 清空 |

编号	仓库	物资类型	物资名称	单位	数量
60	草料仓库	冷冻精液	frozen semen精液	桶	0
59	草料仓库	精饲料	豆粕	公斤	0
58	精料仓库	疫苗	乙肝	支	0
57	精料仓库	冷冻精液	frozen semen	桶	0
56	草料仓库	药品	阿魏酸哌嗪片	包	0
55	物资仓库	工具	屠宰刀	件	2
54	草料仓库	草料	夹肉草料	袋	3309
53	药品疫苗仓库	药品	艾司唑仑注射液	支	322
52	药品疫苗仓库	药品	阿昔洛韦注射液	只	310
51	药品疫苗仓库	疫苗	乙肝	支	20

图12-26 物资盘点

12.3.3 养殖管理

智慧养羊管理系统对羊只养殖分为种羊管理、调群管理、采精管理、配种管理、分娩管理、淘汰管理、死亡管理、体尺测定、销售管理9个部分（图12-27）。

图12-27 养殖管理

12.3.3.1 种羊管理

种羊管理包括羊资料卡、羊只信息和羊只信息导入3个部分内容。

12.3.3.1.1　羊资料卡

羊资料卡包括羊基本信息、羊系谱、分娩性能、配种情况、断奶数据、离群数据、疾病记录和转舍转栏。

羊基本信息包括："羊编号""羊耳号""羊品种""羊状态""所属场""所属舍""所属栏""羊日龄""羊公母""羊毛色""出生日期""出生重量""断奶重量""入场方式""入场日期""入场分类"等信息。

选择"所属舍""羊耳号"，查询羊只基本信息（图12-28）。

图12-28　羊只基本信息

App中羊信息查询如图12-29所示。

	羊信息查询
羊编号	100082063
羊耳号	10001
羊品种	绒山羊
羊状态	在场
所属场	内蒙古志强羊业
所属舍	羊舍B6
所属栏	暂无
羊日龄	1180
羊公母	母
羊毛色	黄色
出生日期	2020-09-10
出生重量 (kg)	31

图12-29　羊信息查询

羊系谱，亦称"系谱"。指记录某一家族各世代成员数目、亲属关系以及有关遗传性状或遗传病在该家系中分布情况的图示。羊系谱对每只自繁羊系谱关系进行梳理，通过耳号使用系谱图（图12-30）直观展现，对后期养殖时配种等工作有重要辅助作用。

选择"所属舍""羊耳号"，查询羊只系谱信息。

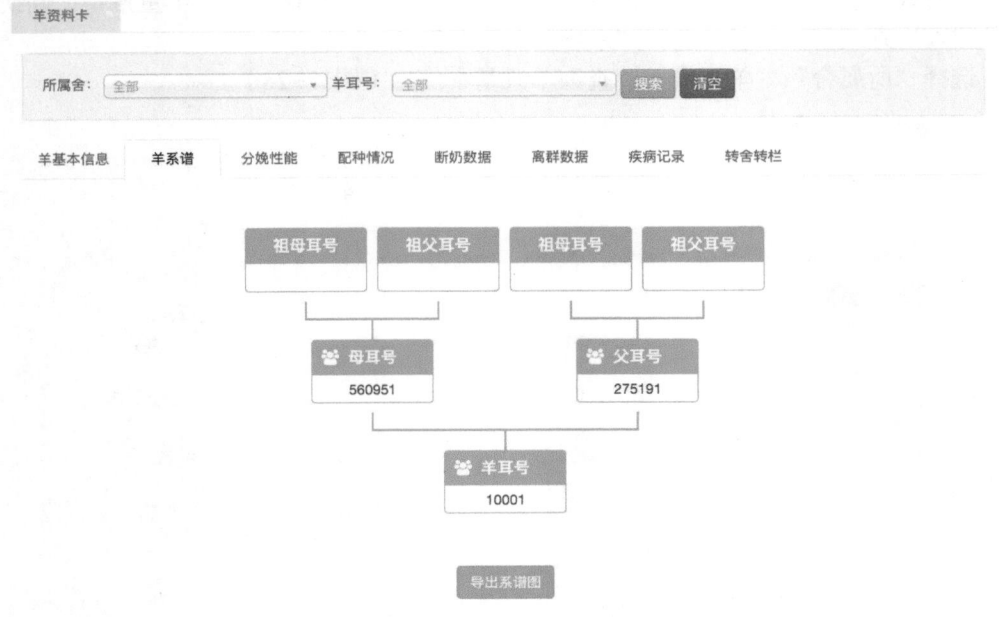

图12-30　羊只系谱图

养殖人员每次在母羊分娩后通过智能化养殖手持端对"耳号""分娩时间""产羔数量""存活数量""母羔数量""弱羔数量""操作人"等相关信息进行上传，对每一只母羊的分娩情况进行记录，做好分娩母羊日常管理对羔羊繁殖成活率有重要影响，在日后护理、配种等方面有很重要的意义。

选择"所属舍""羊耳号"，查询羊只分娩信息（图12-31）。

羊资料卡

所属舍： 全部 ▾　　羊耳号： 全部 ▾　　搜索　清空

羊基本信息　　羊系谱　　**分娩性能**　　配种情况　　断奶数据　　离群数据　　疾病记录　　转舍转栏

耳号	分娩时间	产羔数量	存活数量	母羔数量	弱羔数量	操作人
10001	2020-11-26	4	4	2	4	张柱
10001	2020-11-03	4	1	3	1	勤农畜牧管理员
10001	2020-09-07	4	4	2	4	勤农畜牧管理员

图12-31　羊只分娩信息

App中羊只分娩信息录入如图12-32所示。

图12-32　App中羊只分娩信息录入

　　养殖人员在每次配种结束后，使用智能化养殖手持端设备对当次配种的"母羊耳号""配种时间""公羊耳号""配种次数""操作人"等信息进行上传，对配种结束后的养殖管理有重要作用，提醒养殖人员对配种母羊进行特定的日常管理。

　　选择"所属舍""羊耳号"，查询羊只配种信息（图12-33）。

羊资料卡

所属舍：　全部　　　　　▼　羊耳号：　全部　　　　　▼　　搜索　清空

羊基本信息	羊系谱	分娩性能	**配种情况**	断奶数据	离群数据	疾病记录	转舍转栏
母羊耳号		**配种时间**		**公羊耳号**		**配种次数**	**操作人**
10001		2020-11-26		10052		4	张柱
10001		2020-11-25		10052		3	张柱
10001		2020-11-24		10052		2	勤农畜牧管理员
10001		2020-11-23		10002		1	勤农畜牧管理员

图12-33　羊只配种信息

App中羊只配种信息录入如图12-34所示。

图12-34　App中羊只配种信息录入

　　羔羊断奶后，养殖人员通过智能化养殖手持端上传羔羊"耳号""断奶时间""断奶重量""操作人"等信息，一般羔羊在3~4月龄断奶，每只羔羊断奶时间都不一样，要综合考虑体重、月龄、饲喂条件和生产需要等。对羔羊断奶体重等数据进行记录，方便后期对羔羊体重增长进行持续监控、分析。

　　选择"所属舍""羊耳号"，查询羊只断奶信息（图12-35）。

羊资料卡

所属舍：全部　　　　　▼　羊耳号：全部　　　　　　▼　　搜索　　清空

羊基本信息　　羊系谱　　分娩性能　　配种情况　　**断奶数据**　　离群数据　　疾病记录　　转舍转栏

耳号	断奶时间	断奶重量	操作人
10001	2020-03-11	26.00	勤农畜牧管理员
10001	2020-06-18	26.00	勤农畜牧管理员
10001	2020-11-26	24.00	张柱
10001	2020-09-07	23.00	张柱
10001	2020-07-07	26.00	张柱
10001	2022-09-07	55.00	张柱

图12-35　羊只断奶信息

App中羊只断奶信息录入如图12-36所示。

断奶
历史数据
扫描（选择）羊耳号
羊 耳 号：10001
断奶重量：6.2
保存断奶记录

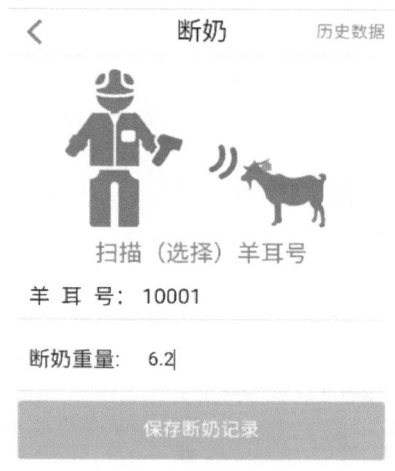

图12-36　App中羊只断奶信息录入

当羊只被出售等离开羊群时，对离群羊只“耳号”“离群时间”“离群类型”“操作人”等信息进行录入，对每圈舍羊群羊只进出有准确的把握。

选择“所属舍”“羊耳号”，查询羊只离群信息（图12-37）。

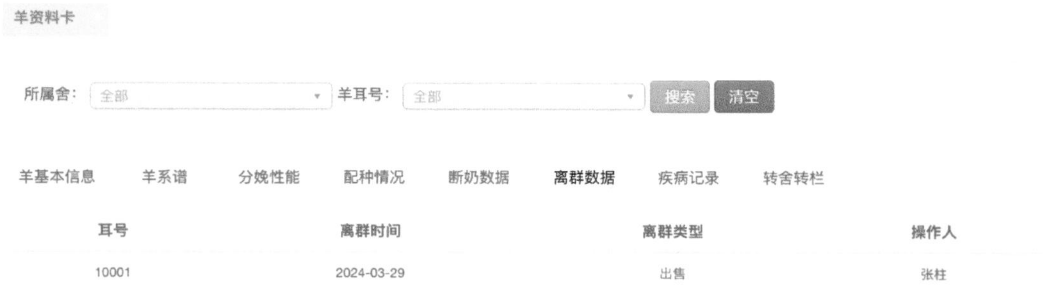

羊资料卡
所属舍：全部
羊耳号：全部
搜索
清空
羊基本信息
羊系谱
分娩性能
配种情况
断奶数据
离群数据
疾病记录
转舍转栏
耳号
离群时间
离群类型
操作人
10001
2024-03-29
出售
张柱

图12-37　羊只离群信息

养殖人员通过智能化养殖手持端对每次生病羊只“耳号”“时间”“疾病名称”“体温”“心跳”“呼吸”“症状”“病因”“处置”“操作人”等进行记录上传，对防止疾病再次发生、预防疾病大规模爆发有重要意义，并为后期羊只疾病的诊疗提供参考。

选择“所属舍”“羊耳号”，查询羊只疾病信息（图12-38）。

羊资料卡

| 所属舍: | 全部 | 羊耳号: | 全部 | 搜索 | 清空 |

| 羊基本信息 | 羊系谱 | 分娩性能 | 配种情况 | 断奶数据 | 离群数据 | 疾病记录 | 转舍转栏 |

耳号	时间	疾病名称	体温	心跳	呼吸	症状	病因	处置	操作人
10001	2020-11-26	前胃弛缓	1.00	1.00	1.00	食欲、反刍、嗳气紊乱	由于饲养不良，劳役过度，致使脾脏亏虚，水草迟细的一种疾病，是常发病之一。	补脾益胃，消食理气	张柱

图12-38 羊只疾病信息

App中羊只疾病信息录入如图12-39所示。

| < | 疾病 | 历史数据 |

羊耳号:	10001
疾病分类:	呼吸疾病 ⌄
疾病名称:	呼吸道感染 ⌄
体温:	38.7
心跳:	59
呼吸:	50
症状:	呼吸困难
病因:	感冒

图12-39 App中羊只疾病信息录入

羊只圈舍发生变化时，养殖人员通过智能化养殖手持端对羊只"耳号""时间""原圈舍""新圈舍""操作人"进行上传记录，并可通过系统及时查找每一只羊所处圈舍。

选择"所属舍""羊耳号"，查询羊只转舍转栏信息（图12-40）。

图12-40　羊只转舍转栏信息

12.3.3.1.2　羊只信息

　　羊只信息系统为每一只羊进行编号，录入了"羊编号""羊品种""羊耳号""毛色""出生日期""入场方式""入场日期""入场分类""羊公母""羊场""羊舍""栏""状态"等信息，养殖人员通过智能化养殖手持端直接上传羊只信息，可以通过系统直观了解每一只羊的状态和相关信息，在羊只日常管理、养殖上有重要意义。

　　选择"所属舍""羊耳号"，查询羊只详细信息（图12-41）。

图12-41　羊只详细信息

　　点击"添加"，选择"羊类型""羊品种""羊性别""羊毛色""入场方式""入场分类""所属羊舍""胚胎移植类型"，输入"羊耳号""羊出生日期""入场日期"，添加羊只信息（图12-42）。

图12-42　添加羊只信息

12.3.3.1.3　羊只信息导入

点击"模板案例"链接至Excel表格进行羊只信息导入（图12-43）。

图12-43　羊只信息导入

表格内可编辑品种、羊耳号、毛色、出生日期、入场分类、羊公母、入场日期、出生重量、入场方式（图12-44）。

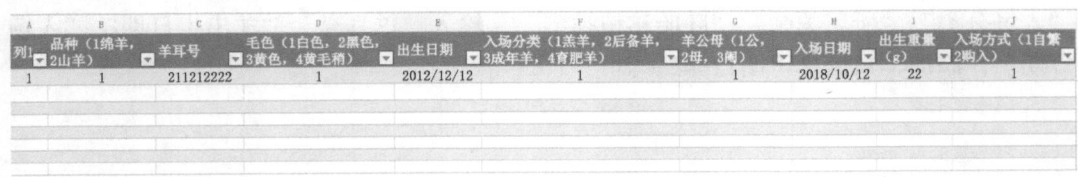

图12-44　羊只信息导入

12.3.3.2 调群管理

羊只周转一般在一个生产年度结束后进行，即羔羊断乳后进行，通常在9月。具体操作是羔羊达到4月龄断奶后组成育成公羊群和育成母羊群；上一年度的育成羊转成后备羊；后备羊转成成年羊群。有繁殖障碍的、年老的、有特殊病的羊只进行淘汰，及时补充同类羊只。每年每群的淘汰率应保持在15%～20%，以保证羊群的正常生产。对于同类羊只难以组群的，应选择生产性能、年龄、体质等相近的羊组成一群，以利于生产和育种。养殖人员可通过智能化养殖手持端设备将"耳号""原圈舍""原栏位""新圈舍""新栏位""转群时间""操作人"等相关操作信息及时上传系统，方便后期统筹管理。App中羊只调群录入如图12-45所示。

调群管理系统展示"耳号""原圈舍""原栏位""新圈舍""新栏位""转群时间""操作人"（图12-46），通过"添加""删除"可实现上述信息的修改。

图12-45 App中羊只调群录入

调群管理

编号	耳号	原圈舍	原栏位	新圈舍	新栏位	转群时间	操作人	操作
158	100001	羊舍8		羊舍2	供体羊1栏	2021-08-16	张柱	删除
157	100199	羊舍9		羊舍7	供体羊5栏	2021-08-13	张柱	删除
156	10005	羊舍2	供体羊2栏	羊舍1	供体羊1栏	2021-02-03	赵金柱	删除
155	10005	羊舍3	供体羊1栏	羊舍2	供体羊2栏	2020-11-16	王金宝	删除
153	10225	羊舍12	供体羊2栏	羊舍C3		2020-11-10	张柱	删除
152	10213	羊舍12	供体羊2栏	羊舍C1	供体羊5栏	2020-11-10	张柱	删除
151	10213	羊舍12	供体羊1栏	羊舍12	供体羊2栏	2020-11-09	赵金柱	删除
150	10446	羊舍7	供体羊2栏	羊舍13	供体羊3栏	2020-11-15	王金宝	删除

图12-46 调群管理情况

12.3.3.3　胚胎移植管理

胚胎移植管理系统包括供受体羊、放栓管理、胚胎移植和妊检管理。

12.3.3.3.1　供受体羊

供受体羊管理系统展示了供受体养殖"编号""耳号""品种""出生日期""状态""入场方式""入场日期""入场分类""舍""栏""胚胎类型"等相关信息。可通过"添加""删除"修改以上信息，具备通过"耳号""品种""入场分类""入场时间"查询的功能（图12-47）。

图12-47　羊只供受体信息

12.3.3.3.2　放栓管理

通过放栓处理使一个母羊群在一定时间内集中发情。养殖人员完成每只母羊放栓操作后，通过智能化养殖手持端记录上传母羊"所属羊舍""所属栏位""时间""操作人"等信息，App中放栓信息录入如图12-48所示。

放栓管理系统展示了"耳号""舍""栏""放栓时间""操作人"（图12-49），可通过"添加""删除"修改以上信息，具备通过"舍""入场时间"查询的功能。

图12-48　App中放栓信息录入

图12-49　羊只放栓信息

12.3.3.3.3　胚胎移植

在优质肉羊繁育过程中，胚胎移植技术是公认的一种快速繁育纯种羊的方法。进行胚胎移植操作后，养殖人员通过智能化养殖手持端上传和记录"供体羊""受体羊""时间""操作人"等相关信息，App中胚胎移植信息录入如图12-50所示。

图12-50　App中胚胎移植信息录入

胚胎移植系统展示了"供体羊""受体羊""时间""操作人"（图12-51），可通过"添加""删除"修改以上信息，并具备通过"胚胎时间"查询的功能。

胚胎移植

胚胎时间：[　　　　　　] 搜索 清空

+ 添加

编号	供体羊	受体羊	时间	操作人	操作
24	10001	10003	2027-11-18	张柱	编辑 删除
28	100001	10002	2021-08-16	张柱	编辑 删除
27	100199	10004	2021-08-13	张柱	编辑 删除
26	10001	10002	2021-02-02	赵金柱	编辑 删除
25	10000536	10040	2021-01-29	张柱	编辑 删除
17	10001	10002	2020-11-27	张柱	编辑 删除
18	10001	10002	2020-11-27	王金宝	编辑 删除

图12-51　羊只胚胎移植信息

12.3.3.3.4　妊检管理

母羊完成妊娠检查后，通过智能化养殖手持端对母羊"羊耳号""妊检方法""妊检结果""时间""操作人"等信息进行录入，App中妊检信息录入如图12-52所示。

图12-52　App中妊检信息录入

妊检管理系统展示了“耳号”“妊检时间”“妊检方法”“妊检结果”“操作人”“操作时间”（图12-53），可通过“添加”“删除”修改以上信息，具备通过“羊耳号”“妊检时间”查询的功能。

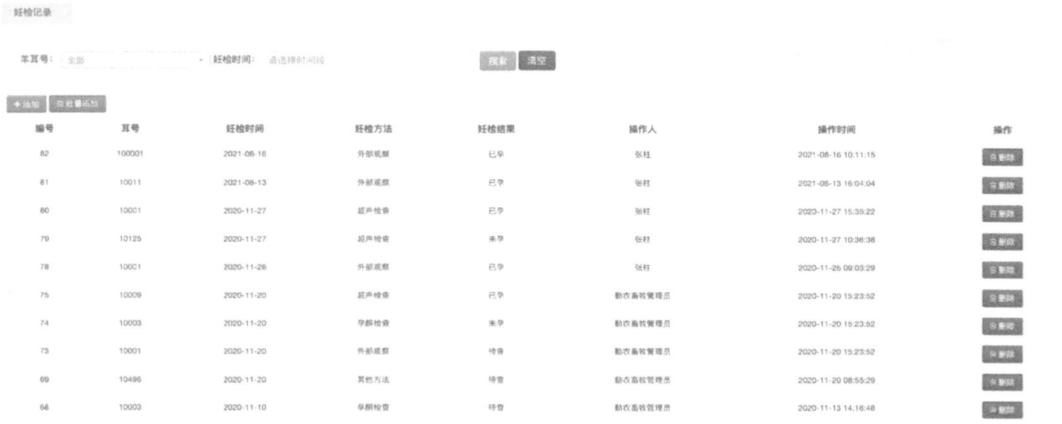
妊检记录

羊耳号：全部　妊检时间：请选择时间段　搜索　清空

添加　批量添加

编号	耳号	妊检时间	妊检方法	妊检结果	操作人	操作时间	操作
82	100001	2021-08-16	外部观察	已孕	张柱	2021-08-16 10:11:15	删除
81	10011	2021-08-13	外部观察	已孕	张柱	2021-08-13 16:04:04	删除
80	10001	2020-11-27	超声检查	已孕	张柱	2020-11-27 15:35:22	删除
79	10125	2020-11-27	超声检查	未孕	张柱	2020-11-27 10:36:38	删除
78	10001	2020-11-26	外部观察	已孕	张柱	2020-11-26 09:03:29	删除
75	10009	2020-11-20	超声检查	已孕	勤农畜牧管理员	2020-11-20 15:23:52	删除
74	10003	2020-11-20	孕酮检查	未孕	勤农畜牧管理员	2020-11-20 15:23:52	删除
73	10001	2020-11-20	外部观察	待查	勤农畜牧管理员	2020-11-20 15:23:52	删除
69	10496	2020-11-20	其他方法	待查	勤农畜牧管理员	2020-11-20 08:55:29	删除
68	10003	2020-11-10	孕酮检查	待查	勤农畜牧管理员	2020-11-13 14:16:48	删除

图12-53　羊只妊检信息

12.3.3.4　采精管理

采精管理系统包括采精记录和采精计划管理。

12.3.3.4.1　采精记录

养殖人员完成采精记录采集时间、检验时间及检验结果。系统“采精记录”模块展示了“耳号”“采精时间”“检验时间”“原精的颜色”“原精的气味”“原精的活力”“原精的密度”“精子数”（图12-54），可通过“添加”“编辑”“删除”修改以上信息，具备通过“羊耳号”“时间”查询的功能。

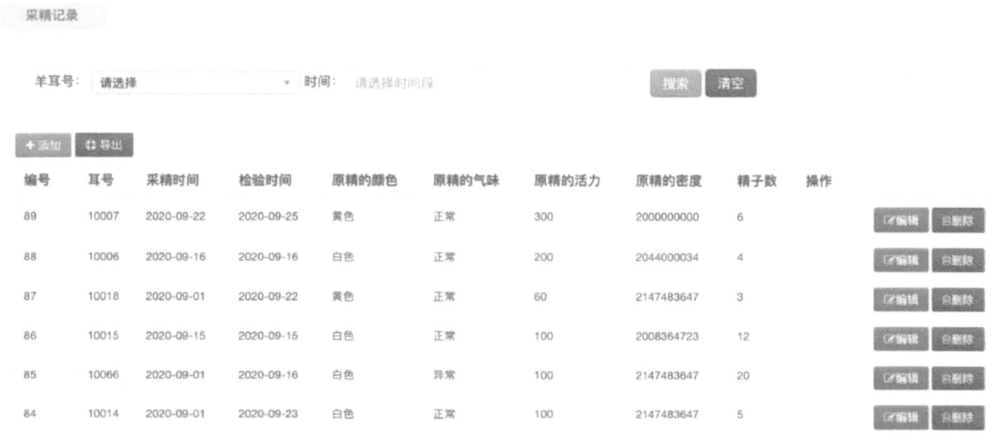
采精记录

羊耳号：请选择　时间：请选择时间段　搜索　清空

添加　导出

编号	耳号	采精时间	检验时间	原精的颜色	原精的气味	原精的活力	原精的密度	精子数	操作
89	10007	2020-09-22	2020-09-25	黄色	正常	300	2000000000	6	编辑 删除
88	10006	2020-09-16	2020-09-16	白色	正常	200	2044000034	4	编辑 删除
87	10018	2020-09-01	2020-09-22	黄色	正常	60	2147483647	3	编辑 删除
86	10015	2020-09-15	2020-09-15	白色	正常	100	2008364723	12	编辑 删除
85	10066	2020-09-01	2020-09-16	白色	异常	100	2147483647	20	编辑 删除
84	10014	2020-09-01	2020-09-23	白色	正常	100	2147483647	5	编辑 删除

图12-54　羊只采精信息

12.3.3.4.2　采精计划管理

采精计划管理系统包括采精方案、采精计划和采精提醒预警3个部分。

系统"采精方案"模块展示"采精方案名称""采精方案周期""采精方案间隔""创建时间"（图12-55），生产中可根据种公羊品种、生理现状等因素综合选择合适的采精方案，采精方案可通过"添加采精方案""编辑""删除"进行修改。

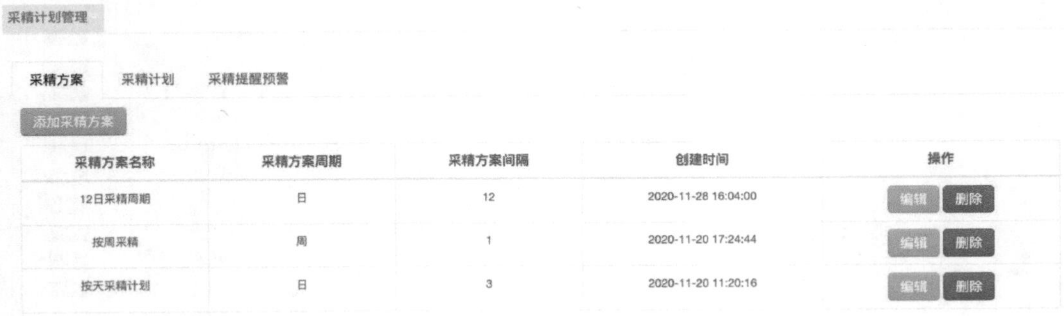

采精计划管理

采精方案	采精计划	采精提醒预警		

添加采精方案

采精方案名称	采精方案周期	采精方案间隔	创建时间	操作
12日采精周期	日	12	2020-11-28 16:04:00	编辑　删除
按周采精	周	1	2020-11-20 17:24:44	编辑　删除
按天采精计划	日	3	2020-11-20 11:20:16	编辑　删除

图12-55　采精方案

系统"采精计划"模块展示"公羊耳号""采精日期""是否完成"（图12-56），养殖人员可通过"设置采精计划""删除"修改以上信息，采精计划便于养殖人员及时掌握种公羊采精操作是否按时完成。

采精计划管理

采精方案	采精计划	采精提醒预警		

设置采集计划

公羊耳号	采精日期	是否完成	操作
10002	2020-11-25	未完成	
10002	2020-11-19	已完成	
10002	2020-11-16	已完成	
10002	2020-11-07	已完成	
10002	2020-11-04	未完成	删除
10002	2020-11-01	未完成	删除

图12-56　羊只采精计划

系统"采精提醒预警"模块展示"公羊耳号""采精日期"（图12-57），养殖人员看到提醒后进行种公羊采精，完成采精操作后点击"消除提醒"完成记录，采精提醒预警便于养殖人员开展工作，降低工作难度。

图12-57 羊只采精预警提醒

12.3.3.5 配种管理

配种管理系统包括试情记录、虚拟配种、主力公羊管理、发情催情、配种方案、近交系数计算、配种记录、妊检记录和流产记录9个部分。

12.3.3.5.1 试情记录

系统中"试情记录"显示了"试情羊""试情时间""操作人"（图12-58），养殖人员完成试情操作后，点击"添加"，输入"羊""试情日期"，添加羊只试情记录（图12-59）。选择"试情时间"可进行羊只试情记录查询。

图12-58 羊只试情记录

图12-59　添加羊只试情记录

App中羊只试情录入如图12-60所示。

图12-60　App中羊只试情录入

12.3.3.5.2　虚拟配种

系统中"虚拟配种"显示"母羊耳号""公羊耳号""近交系数""创建时间"（图12-61），养殖人员可点击"虚拟配种计算"，选择"母羊耳号""公羊耳号"（图12-62），计算出两羊交配的近交系数，通过该功能可避免近亲杂交。

虚拟配种

+ 虚拟配种计算

母羊耳号	公羊耳号	近交系数 ⓘ	创建时间	操作
10080	10009	82.64	2020-11-25	删除
10147	10003	76.82	2020-11-25	删除
10056	10074	83.93	2020-11-25	删除
10075	10047	85.18	2020-11-25	删除
10119	10012	88.87	2020-11-25	删除
10056	10004	77.82	2020-11-25	删除

图12-61 虚拟配种

图12-62 羊只虚拟配种计算

12.3.3.5.3 主力公羊管理

系统中"主力公羊管理"显示"公羊耳号""公羊体高（cm）""公羊体长（cm）""公羊评分""创建时间"（图12-63）。养殖人员点击"添加主力公羊"，选择"公羊耳号"，输入"公羊体高（cm）""公羊体长（cm）"（图12-64），系统根据公羊体高、体长等生理信息进行综合评分，得出公羊评分。养殖生产中，养殖人员可根据公羊评分选择配种公羊。

主力公羊管理

+ 添加主力公羊

公羊耳号	公羊体高(cm)	公羊体长(cm)	公羊评分	创建时间	操作
10072	82	98	81.00	2020-11-25	删除
10044	88	114	93.93	2020-11-25	删除
10082	79	110	94.50	2020-11-25	删除
10041	86	99	83.25	2020-11-25	删除
10016	81	100	81.45	2020-11-25	删除
10015	84	105	85.05	2020-11-25	删除
10008	79	99	88.11	2020-11-25	删除

图12-63 主力公羊管理

图12-64　添加主力公羊信息

12.3.3.5.4　发情催情

养殖生产中准确记录母羊发情催情情况对母羊的高效繁殖十分重要。养殖人员可通过智能化养殖手持端设备将"羊耳号""发情类型""时间""操作人"等相关信息上传，App中羊只发情信息录入如图12-65所示。

图12-65　App中羊只发情信息录入

系统中"发情催情"显示"耳号""发情时间""发情类型""操作人""操作时间"，养殖人员可通过"添加""删除"修改以上信息，也可通过"羊耳号""发情时间"进行查询。

12.3.3.5.5　配种方案

系统中"配种方案"显示"种羊耳号""主选公羊""主选公羊毛色""主选公羊体高""主选公羊体长""主选公羊育种值""主选公羊近交系数"（图12-66），养殖人员可通过点击"生成配种方案"选择种羊耳号，系统根据已有种公羊毛色、体高、体长等生理信息计算种公羊育种值和近交系数，生成配种方案，给出主选公羊，备选公羊一、备选公羊二（图12-67），养殖人员选择种公羊进行配种生产。

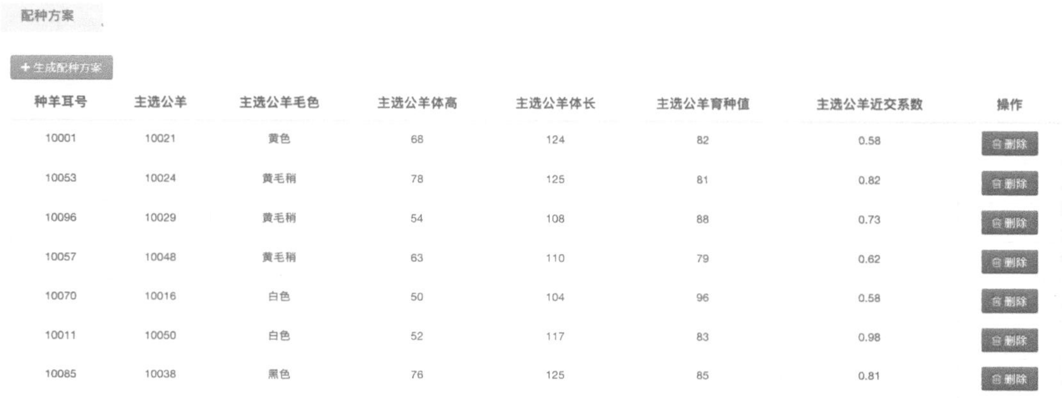

配种方案

＋生成配种方案

种羊耳号	主选公羊	主选公羊毛色	主选公羊体高	主选公羊体长	主选公羊育种值	主选公羊近交系数	操作
10001	10021	黄色	68	124	82	0.58	删除
10053	10024	黄毛梢	78	125	81	0.82	删除
10096	10029	黄毛梢	54	108	88	0.73	删除
10057	10048	黄毛梢	63	110	79	0.62	删除
10070	10016	白色	50	104	96	0.58	删除
10011	10050	白色	52	117	83	0.98	删除
10085	10038	黑色	76	125	85	0.81	删除

图12-66　羊只发情催情信息

生成配种方案　　　　　　　　　　　　　　　　　×

种羊耳号*　　　10042　　　　　　　　▼

主选公羊：　耳号：10031
　　　　　　体高：70 体长：70 综合育种值：94 近交系数：0.51

备选公羊一：　耳号：10048
　　　　　　　体高：63 体长：63 综合育种值：89 近交系数：0.74

备选公羊二：　耳号：10088
　　　　　　　体高：54 体长：54 综合育种值：75 近交系数：1

添加　　关闭

图12-67　羊只配种方案

12.3.3.5.6　近交系数计算

系统中"近交系数计算"用于计算母羊与种公羊交配的近交系数，养殖人员点击"计算近交系数"，选择"母羊耳号"，查看可配公羊耳号和近交系数（图12-68）。

计算近交系数 ✕

母羊耳号* 10001 ▾

公羊耳号	近交系数
10047	0.65
10096	0.68
10098	0.72
10100	0.82
10109	0.82
10112	0.84
10148	0.89
10168	0.95
10173	0.96
10179	0.97

图12-68 近交系数计算

12.3.3.5.7 配种记录

在完成配种操作后，养殖人员通过智能化养殖手持端，点击"配种"，扫描羊只耳号或输入"羊耳号"，输入"公羊耳号"，选择"配种类型"，录入"时间""操作人"，点击"保存配种记录"，上传母羊配种信息，App中羊只配种信息录入如图12-69所示。

系统中"配种记录"显示"耳号""配种日期""操作时间""操作""配种次数""公羊耳号""配种时间""配种类型""配种人员"（图12-70），养殖人员可选择"羊耳号""配种日期"，查询羊只配种记录。

图12-69 App中羊只配种信息录入

图12-70 羊只配种记录

点击"添加",选择"耳号",输入"配种时间",添加羊只配种记录(图12-71)。点击"添加配种信息",选择"公羊耳号""配种类型",输入"配种日期",完成第一次配种记录(图12-72),若配种失败,可再次通过点击"添加配种信息"录入第二次配种记录,配种结束后点击"确定"完成配种(图12-73),形成最新配种记录。

图12-71 添加羊只配种记录

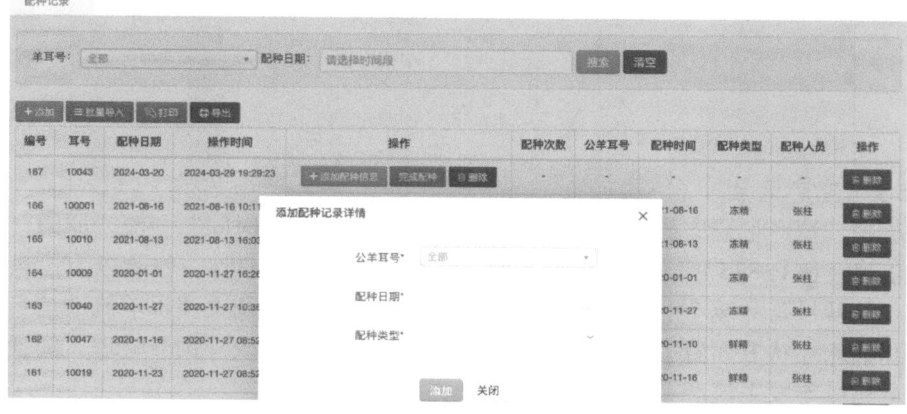

图12-72 添加配种信息

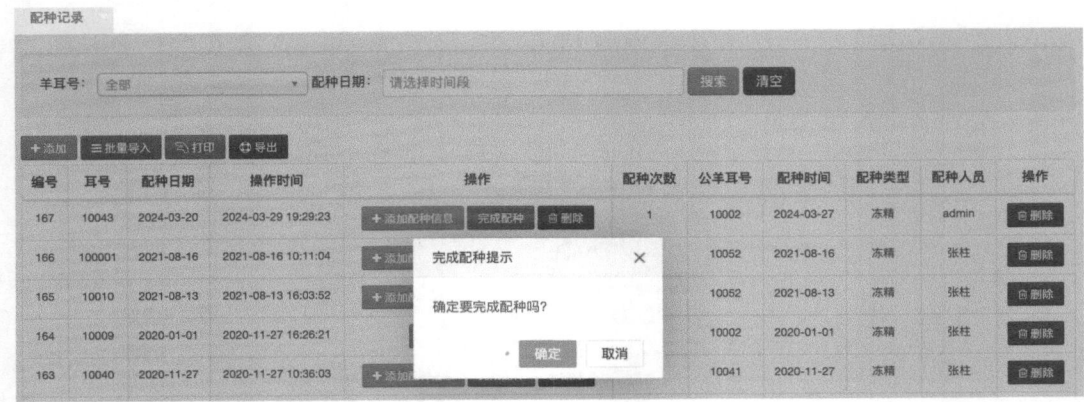

图12-73　完成配种

12.3.3.5.8　妊检记录

系统中"妊检记录"显示妊检母羊"编号""耳号""妊检时间""妊检方法""妊检结果""操作人""操作时间"等信息（图12-74），方便任务的下达和反馈，及时对未成功受孕母羊再次配种。养殖人员可通过点击"添加""删除"修改以上信息，通过点击"羊耳号""妊检时间"查询妊检信息。

编号	耳号	妊检时间	妊检方法	妊检结果	操作人	操作时间	操作
82	100001	2021-08-16	外部观察	已孕	张柱	2021-08-16 10:11:15	删除
81	10011	2021-08-13	外部观察	已孕	张柱	2021-08-13 16:04:04	删除
80	10001	2020-11-27	超声检查	已孕	张柱	2020-11-27 15:35:22	删除
79	10125	2020-11-27	超声检查	未孕	张柱	2020-11-27 10:36:38	删除
78	10001	2020-11-26	外部观察	已孕	张柱	2020-11-26 09:03:29	删除
75	10009	2020-11-20	超声检查	已孕	勒农畜牧管理员	2020-11-20 15:23:52	删除
74	10003	2020-11-20	孕酮检查	未孕	勒农畜牧管理员	2020-11-20 15:23:52	删除

图12-74　羊只妊检记录

12.3.3.5.9　流产记录

系统中"流产记录"显示母羊"编号""耳号""流产时间""流产原因""操作人"等信息（图12-75），养殖人员可通过点击"添加""删除"修改以上信息，可通过选择"羊耳号""流产时间"查询流产信息。要充分重视和关注母羊流产信息，在发生原因和临床症状方面着手，并考虑羊场的实际情况，通过改善饲养管理、加强防疫等措施，避免母羊发生流产。

图12-75　羊只流产记录

12.3.3.6　分娩管理

分娩管理系统包括分娩记录、去势记录和断奶记录3个部分。

12.3.3.6.1　分娩记录

一般根据母羊的配种记录，按妊娠期推测出母羊的预产期，对临产母羊加强饲养管理，并注意仔细观察，同时做好产羔前的准备。养殖人员通过智能化养殖手持端，点击"分娩"，扫描羊只耳号或输入"羊耳号"，输入"产羔数量""存活数量""母羔数量""弱羔数量"，点击"保存分娩记录"，上传母羊分娩信息，App中分娩信息录入如图12-76所示。

系统中"分娩记录"展示母羊"耳号""分娩状态""分娩时间""产羔数量""存活数量""母羔数量""弱羔数量""操作人"等信息（图12-77），养殖人员在母羊开始分娩时，点击"添加"，选择"耳号"，输入"分娩日期""产羔数量""存活数量""母羔数量""弱羔数量"，添加羊只分娩记录（图12-78）。点击"编辑"可修改分娩记录（图12-79），在母羊分娩结束后点击"结束分娩"完成记录。

图12-76　App中分娩记录录入

图12-77 羊只分娩记录

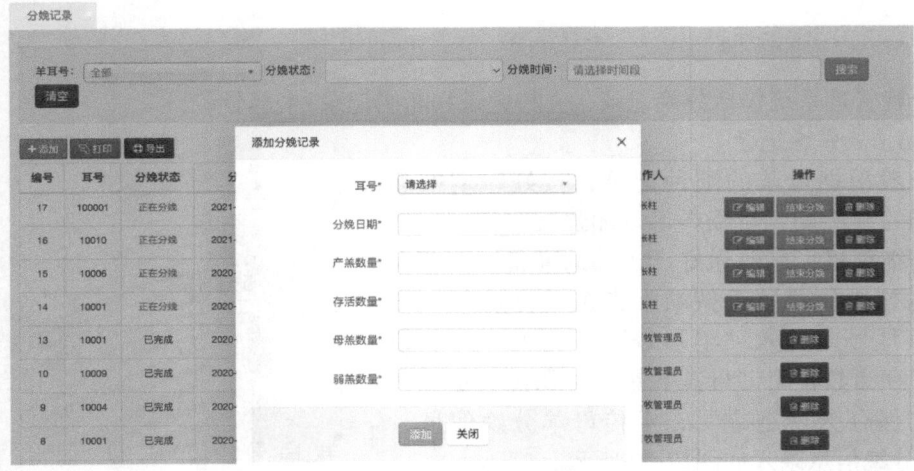

图12-78 添加羊只分娩记录

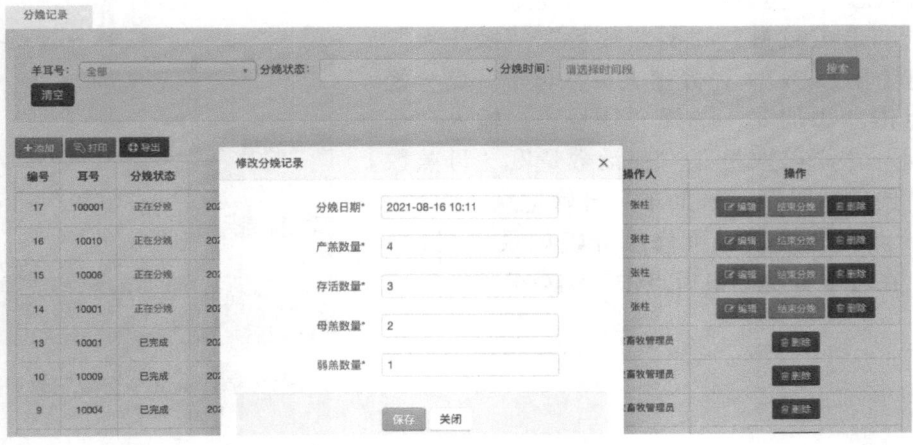

图12-79 修改羊只分娩记录

12.3.3.6.2　去势记录

去势术是指摘除或破坏家畜性腺，使其不能分泌激素，消除其生理功能的手术。公羊去势后便于饲养管理、改善肉质、育肥、降低羊肉膻味。常用去势方法包括精索打结法、药物去势法、手术摘除法、结扎法、去势钳法等。养殖人员通过手持端上传“耳号”“去势方法”等信息，这些相关数据的记录分析对羊群整体结构有一定的意义。

系统中“去势记录”展示去势羊“耳号”“去势时间”“去势方法”“操作人”等信息（图12-80），养殖人员可通过点击“羊耳号”“去势时间”查询去势信息，点击“添加”“编辑”“删除”修改以上信息。

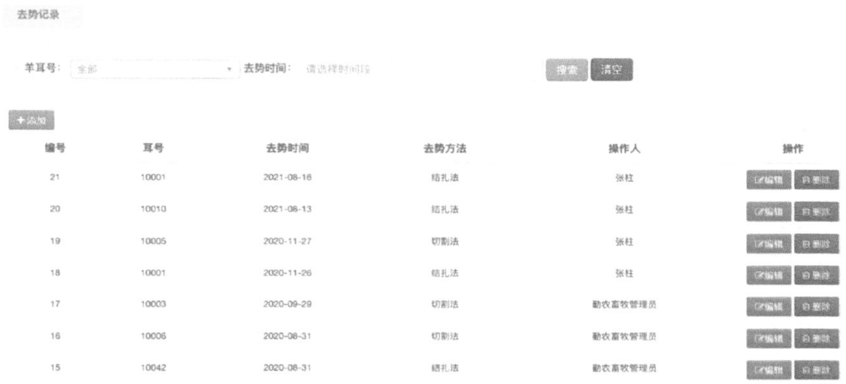

编号	耳号	去势时间	去势方法	操作人	操作
21	10001	2021-08-16	结扎法	张柱	编辑 删除
20	10010	2021-08-13	结扎法	张柱	编辑 删除
19	10005	2020-11-27	切割法	张柱	编辑 删除
18	10001	2020-11-26	结扎法	张柱	编辑 删除
17	10003	2020-09-29	切割法	勤农畜牧管理员	编辑 删除
16	10006	2020-08-31	切割法	勤农畜牧管理员	编辑 删除
15	10042	2020-08-31	结扎法	勤农畜牧管理员	编辑 删除

图12-80　羊只去势记录

12.3.3.6.3　断奶记录

养殖人员通过智能化养殖手持端将断奶羔羊“耳号”“断奶重量”等信息记录上传，羔羊断奶记录对后期可能出现的断奶前补饲效果不佳、断奶羔羊的饲草料配合结构不合理、疾病影响生长速度、断奶羔羊的限制饲养等可能发生问题的处理有一定积极作用。

系统“断奶记录”显示断奶羔羊“耳号”“断奶时间”“断奶重量”“操作人”等信息（图12-81），养殖人员可通过点击“添加”“删除”修改以上信息，通过输入“羊耳号”“断奶时间”查询羊只断奶信息。

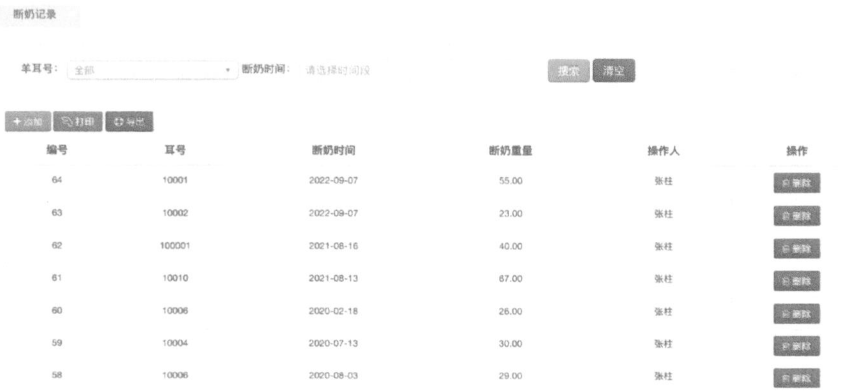

编号	耳号	断奶时间	断奶重量	操作人	操作
64	10001	2022-09-07	55.00	张柱	删除
63	10002	2022-09-07	23.00	张柱	删除
62	100001	2021-08-16	40.00	张柱	删除
61	10010	2021-08-13	67.00	张柱	删除
60	10006	2020-02-18	26.00	张柱	删除
59	10004	2020-07-13	30.00	张柱	删除
58	10006	2020-08-03	29.00	张柱	删除

图12-81　羊只断奶记录

12.3.3.7 淘汰管理

羊群养殖中，通常处于效益和成本考虑对一些生产性能差、过肥或过瘦、长期不发情、屡配不孕、奶水不足、营养不良的羊只进行淘汰。养殖人员可通过智能化养殖手持端录入淘汰羊"耳号""淘汰原因""体重"。系统中"淘汰管理"功能录入了淘汰羊只"编号""耳号""淘汰时间""淘汰原因""体重""操作人"等信息（图12-82），通过羊只淘汰管理，对羊群整体结构控制有重要作用。

养殖人员可通过选择"羊耳号""淘汰时间"，查询羊只淘汰记录（图12-82）。

图12-82 羊只淘汰记录

点击"添加"，选择"耳号""淘汰原因"，输入"淘汰日期""体重"，添加羊只淘汰记录（图12-83）。

图12-83 添加羊只淘汰记录

12.3.3.8 死亡管理

日常养殖常因为一些饲养不当或羊只自身原因发生死亡事件，常见死亡原因包括肾和脾变软、心肌出血、胀气、恶性水肿、破伤风等原因。系统录入死亡羊只"编号""耳号""死亡时间""死亡原因""体重""操作人"等信息，记录分析这些信息对于死亡原因分析、加强日后养殖管理、减少死亡发生有积极作用。

养殖人员可通过选择"羊耳号""死亡时间"，查询羊只死亡记录（图12-84）。

图12-84 羊只死亡记录

点击"添加"，选择"耳号""死亡原因"，输入"死亡日期""体重"，添加羊只死亡记录（图12-85）。

图12-85 添加羊只死亡记录

App中羊只死亡信息录入如图12-86所示。

图12-86　App中羊只死亡信息录入

12.3.3.9　体尺测定

对每只羊建立生长记录，设定时间间隔进行体尺测定，进行生长发育分析和趋势拟合，可及时判断羊只生长状态、出现问题及时解决。养殖人员将"编号""羊耳号""测定日期""体长""体高"等信息通过智能化养殖手持端上传，通过智能一体化羊性能测定装备采集"可见光图像""AI识别图像""热成像图像""原始热成像""灰度图1""灰度图2"等图像信息，最终在系统中统筹分析。

选择"羊耳号""测定方式""测定日期"，查询羊只体尺信息（图12-87）。

体尺测定

羊耳号：全部　　测定方式：智能测定　　测定日期：请选择时间段　　搜索　清空

+添加

编号	羊耳号	测定日期	体长	体高	体温	体重	可见光图像	AI识别图像	热成像图像	原始热成像	灰度图1	灰度图2	测定人	操作
2556	10003057	2023-11-08	98.30	87.00	40.2	96.10							智能测定	编辑 删除
2555	10003058	2023-11-08	104.10	87.90	40.5	75.30							智能测定	编辑 删除
2554	10003064	2023-11-08	109.20	85.90	40.3	75.20							智能测定	编辑 删除
2553	10003062	2023-11-08	110.20	85.10	40.1	79.30							智能测定	编辑 删除
2552	10003061	2023-11-08	95.60	89.60	39.7	84.90							智能测定	编辑 删除

图12-87　羊只体尺信息

点击"添加",选择"羊耳号",输入"测定日期""体长""体高""体宽""胸围""体宽""腹围""胸深""管围""体重""备注",添加羊只体尺测定信息(图12-88)。

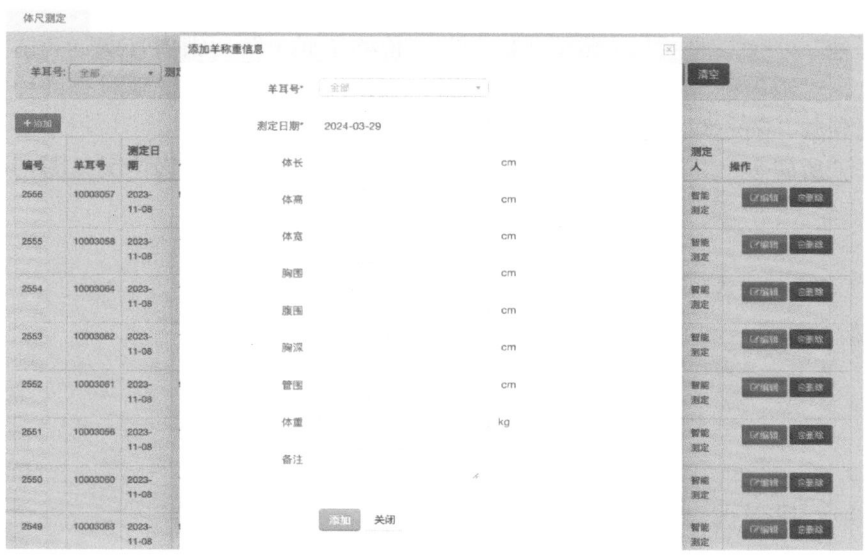

图12-88 添加羊只体尺测定

App中体尺称重数据录入如图12-89所示。

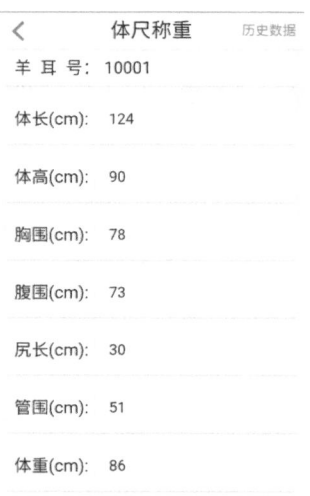

图12-89 App中体尺称重数据录入

12.3.3.10 销售管理

销售管理包括种羊销售、杂交羊销售、客户管理3个部分,以表格的形式展示相关信息概览性强，便于进行数据对比；筛查功能强大，表格的表头筛选功能在一定程度上可以满足用户多种筛选查询的诉求；数据展示量多，层次清晰。

12.3.3.10.1 种羊销售

销售管理系统录入了种羊销售"编号""客户类型""客户联系人""客户电话""耳号""舍""栏""重量（kg）""价格（元）""销售日期""销售人"等相关信息，对销售种羊详细情况进行了记录，工作人员可通过系统随时查询种羊信息，方便问题溯源，随时跟踪服务。

选择"所属舍"，输入"客户""销售日期"，查询种羊销售情况（图12-90）。

图12-90 种羊销售情况

点击"添加"，输入"出售日期"，选择"客户类型""客户""所属舍""所属栏""耳号""出售人"，输入"重量（kg）""价格（元）"，添加种羊销售信息（图12-91）。

图12-91 添加种羊销售信息

12.3.3.10.2　杂交羊销售

销售管理系统录入了杂交羊销售"编号""客户类型""客户联系人""客户电话""舍""数量""总重量（kg）""总价格（元）""销售日期""销售人"等相关信息，对销售杂交羊详细情况进行了记录，工作人员可通过系统随时查询杂交羊信息，方便问题溯源，随时跟踪服务。

选择"所属舍"，输入"客户""销售日期"，查询杂交羊销售情况（图12-92）。

杂交羊销售

所属舍：　请选择　▾　客户　　　　销售日期　　　　　　　搜索　清空

+添加

编号	客户类型	客户联系人	客户电话	舍	数量	总重量(kg)	总价格(元)	销售日期	销售人	操作
31	外部客户	王经理	18910033826	羊舍1	1	50	1000	2021-08-16	张柱	自删除
30	合作农户	赵金柱	15648135614	羊舍1	2	-	2003	2020-12-15	张柱	自删除
28	外部客户	王经理	18910033826	羊舍7	12	18	12	2020-11-27	张柱	自删除
27	外部客户	王经理	18910033826	羊舍7	1	-	-	2020-11-26	张柱	自删除
24	合作农户	赵金柱	15648135614	羊舍7	12	-	-	2020-11-19	张柱	自删除
29	外部客户	王经理	18910033826	羊舍7	1	-	-	2020-11-10	张柱	自删除
25	合作农户	赵金柱	15648135614	羊舍12	10	-	-	2020-11-03	张柱	自删除
26	外部客户	王经理	18910033826	羊舍7	5	-	-	2020-11-03	张柱	自删除

图12-92　杂交羊销售情况

点击"添加"，输入"出售日期"，选择"客户类型""客户""所属舍""批次""出售人"，输入"数量""总重量（kg）""总价格（元）"，添加杂交羊销售信息（图12-93）。

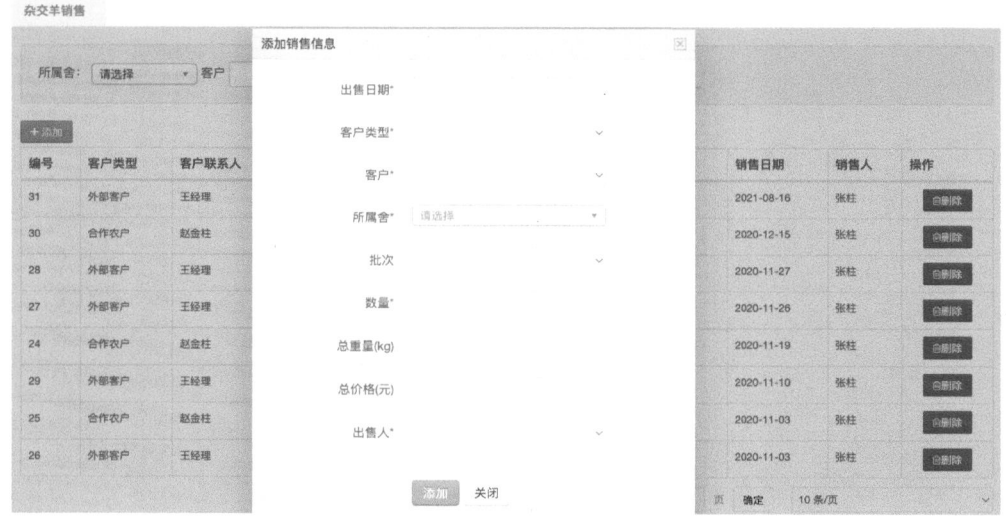

图12-93　添加杂交羊销售信息

App中杂交羊销售信息录入如图12-94所示。

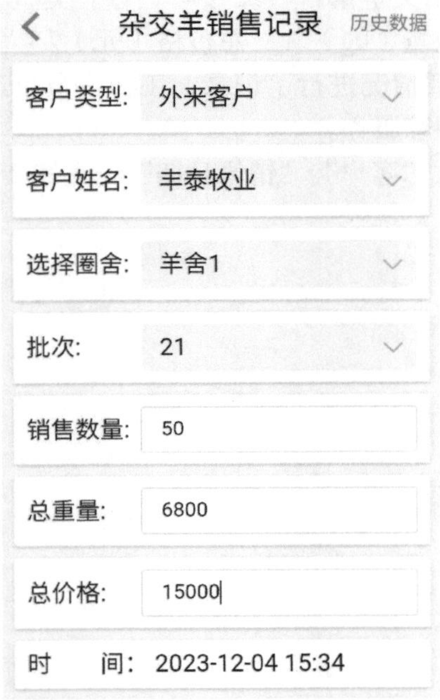

图12-94　App中杂交羊销售信息录入

12.3.3.10.3　客户管理

销售管理系统中客户管理部分详细记录了有相关业务往来的"客户名称""联系人名称""联系电话"等信息，对工作人员进行后期客户维护、售后服务等具有重要作用。

输入"客户名称"，搜索客户详情（图12-95）。

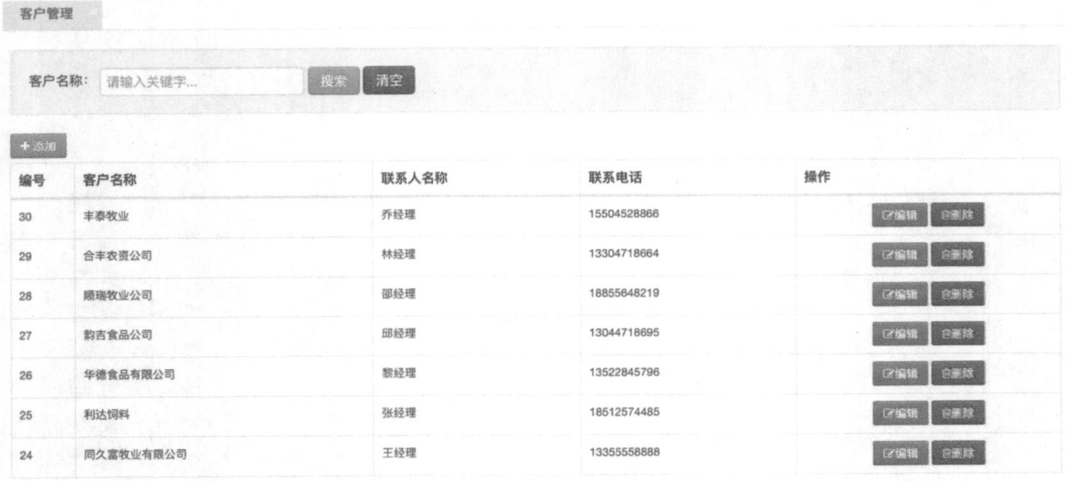

图12-95　客户详情

点击"添加"，输入"客户名称""联系人""手机号"，添加客户信息（图12-96）。

图12-96　添加客户信息

12.3.4　提醒预警系统

随着物联网技术的不断发展，物联网技术在农业方面的应用越来越广泛，结合现在的规模化农业养殖基地养殖模式，使得基于物联网的农业养殖基地智能管控与精准预警系统设计成为可能。以农业+物联网为代表的信息技术、控制技术和传统的农业养殖结合在一起，能够极大地提升生产效率，对我国农业生产特别是农业养殖产业的发展具有非常重要的意义。提醒预警模块下设12个模块，分别为羊只参数管理、提醒设定、免疫提醒、检疫提醒、驱虫提醒、断奶提醒、配种提醒、妊检提醒、分娩提醒、异常提醒、推送提醒及发情提醒（图12-97）。

12.3.4.1　羊只参数管理

预警提醒系统中预警项目包括妊检提醒、分娩提醒、羔羊断奶提醒、母羊初次配种提醒、母羊断奶发情提醒、开食日龄提醒、产后发情提醒及初配月龄提醒。系统中录入了每一个预警提醒任务的"提醒名称""提醒天数""提前天数""预警名称""预警天数""预警提前天数"等相关信息（图12-98），简化了任务制定和下发过程，降低了操作难度，通过本模块可以清楚地知道各羊只所处的阶段，以及所需要采取的措施。

🔔　**提醒预警**　　　　　>

‣ 羊只参数管理

‣ 提醒设定

‣ 免疫提醒

‣ 检疫提醒

‣ 驱虫提醒

‣ 断奶提醒

‣ 配种提醒

‣ 妊检提醒

‣ 分娩提醒

‣ 异常提醒

‣ 推送提醒

‣ 发情提醒

图12-97　提醒预警模块

羊只参数管理

ID	提醒名称	提醒天数	提前天数	预警名称	预警天数	预警提前天数	操作
1	妊检提醒	配种完成后10天	5天	妊检预警	配种完成后20天	1天	编辑
2	分娩提醒	配种完成后150天	50天	分娩预警	配种完成后30天	10天	编辑
3	羔羊断奶提醒	羔羊日龄达到90天	10天	羔羊断奶预警	羔羊日龄达到40天	4天	编辑
4	母羊初次配种提醒	母羊日龄达到240天	15天	母羊初次配种预警	母羊日龄达到60天	20天	编辑
5	母羊断奶发情提醒	母羊断奶后10天	3天	母羊断奶发情预警	母羊断奶后20天	10天	编辑
6	开食日龄提醒	羔羊断奶后12天	2天	开食日龄预警	羔羊断奶后70天	30天	编辑
7	产后发情提醒	母羊产羔后100天	10天	产后发情预警	母羊产羔后40天	20天	编辑
8	初配月龄提醒	母羊初次配种月龄300天	3天	初配月龄预警	母羊初次配种月龄10天	3天	编辑

图12-98　羊只参数管理

12.3.4.2　提醒设定

　　根据系统中已录入预警提醒，将预警指令"ID""名称""羊类别""方式""周期""药物""药物剂量""预警时间""创建时间"等信息录入，系统将自动在设定时间通过设定方法下达预警指令，其中预警指令包括免疫提醒、检疫提醒及驱虫提醒（图12-99）。智能畜牧业养殖监控预警系统，主要是按照牲畜的生长环境特点，借助相应传感器来对牲畜的生长环境参数实施检测与分析，从而对牲畜的生长环境参数的安全性进行掌握，并及时向管理员进行预警。

提醒设定

免疫提醒　检疫提醒　驱虫提醒

+ 添加免疫

ID	名称	羊类别	方式	周期	药物	药物剂量	预警时间	创建时间	操作
5	群体	育肥羊	口服药物	每周	阿普洛韦注射液	12只	2020-11-20	2020-10-10 09:49:04	编辑 删除

图12-99　提醒设定

12.3.4.3　免疫提醒

　　免疫提醒系统主要由"免疫提醒""免疫预警"两个模块构成。"免疫提醒"模块对养殖羊只可能发生免疫疾病或免疫缺陷的免疫计划实施，对羊只定时注射疫苗、服用药物等具体免疫手段落实有很大辅助作用，养殖人员可以通过系统提示及时进行操作。免疫提醒系统录入了每只羊的免疫具体工作任务，包括羊只"名称""耳号""羊类别""当前舍""周期""方式""药物""免疫日期"等相关信息（图12-100），可直观显示每一只羊的免疫计划安排，降低工人操作难度。

　　"免疫预警"模块通过智能化养殖手持端推送、短信、邮箱、QQ、微信等方式，将即将需要进行免疫手段操作的羊只信息发送给操作人员，包括羊只"名称""耳号""羊类别""当前舍""周期""方式""药物""免疫日期"。操作人员可直接通过预警指令找到具体的羊舍羊只，按照指定方式在指定时间内使用药物。

免疫提醒

免疫提醒　　免疫预警

免疫提醒(101条)

名称	耳号	羊类别	当前舍	周期	方式	药物	免疫日期
群体	10002	育肥羊	隔离A1舍	每周	口服药物	阿普洛韦注射液	2024-02-02
群体	10004	育肥羊	羊舍B3	每周	口服药物	阿洛韦注射液	2024-02-02
群体	10013	育肥羊	羊舍C4	每周	口服药物	阿普洛韦注射液	2024-02-02
群体	10015	育肥羊	羊舍C1	每周	口服药物	阿普洛韦注射液	2024-02-02
群体	10016	育肥羊	羊舍A5	每周	口服药物	阿普洛韦注射液	2024-02-02
群体	10020	育肥羊	羊舍10	每周	口服药物	阿普洛韦注射液	2024-02-02
群体	10023	育肥羊	羊舍A1	每周	口服药物	阿普洛韦注射液	2024-02-02
群体	10025	育肥羊	羊舍B3	每周	口服药物	阿普洛韦注射液	2024-02-02
群体	10026	育肥羊	羊舍15	每周	口服药物	阿普洛韦注射液	2024-02-02

图12-100　免疫提醒

12.3.4.4　检疫提醒

　　检疫提醒系统下设两个模块，分别为"检疫提醒""检疫预警"。"检疫提醒"模块对养殖羊只可能发生免疫疾病或免疫缺陷的免疫计划实施，对羊只定时注射疫苗、服用药物等具体检疫手段落实有很大辅助作用，可以通过系统提示养殖人员及时进行操作。"检疫提醒"模块录入了每只羊的检疫具体工作任务，包括羊只"名称""耳号""羊类别""当前舍""周期""方式""药物""检疫时间"等相关信息（图12-101），可直观显示每一只羊的免疫计划安排，降低操作人操作难度。

　　"检疫预警"模块通过智能化养殖手持端推送，将即将需要进行免疫手段操作的羊只信息发送给操作人员，包括羊只"名称""耳号""羊类别""当前舍""周期""方式""药物""检疫时间"。操作人员可直接通过预警指令找到具体的羊舍羊只，按照指定方式（注射或口服药品等）在指定时间内使用药物。

检疫提醒

检疫提醒　　检疫预警

检疫提醒(101条)

名称	耳号	羊类别	当前舍	周期	方式	药物	检疫时间
群体检疫	10002	育肥羊	隔离A1舍	每周	口服药物	阿魏酸哌嗪片	2024-02-02
群体检疫	10004	育肥羊	羊舍B3	每周	口服药物	阿魏酸哌嗪片	2024-02-02
群体检疫	10013	育肥羊	羊舍C4	每周	口服药物	阿魏酸哌嗪片	2024-02-02
群体检疫	10015	育肥羊	羊舍C1	每周	口服药物	阿魏酸哌嗪片	2024-02-02
群体检疫	10016	育肥羊	羊舍A5	每周	口服药物	阿魏酸哌嗪片	2024-02-02
群体检疫	10020	育肥羊	羊舍10	每周	口服药物	阿魏酸哌嗪片	2024-02-02
群体检疫	10023	育肥羊	羊舍A1	每周	口服药物	阿魏酸哌嗪片	2024-02-02
群体检疫	10025	育肥羊	羊舍B3	每周	口服药物	阿魏酸哌嗪片	2024-02-02
群体检疫	10026	育肥羊	羊舍15	每周	口服药物	阿魏酸哌嗪片	2024-02-02
群体检疫	10031	育肥羊	羊舍C2	每周	口服药物	阿魏酸哌嗪片	2024-02-02
群体检疫	10033	育肥羊	羊舍7	每周	口服药物	阿魏酸哌嗪片	2024-02-02

图12-101　检疫提醒

12.3.4.5　驱虫提醒

驱虫提醒系统由"驱虫提醒""驱虫预警"两个模块构成。羊寄生虫病属于传染性疾病，寄生虫虫卵具有强烈的抵抗力，羊群一旦发病很难彻底根除，病情在羊群中长期存在，无形中大大增加防治成本。同时机体消化吸收能力下降，机体抗病能力下降，极易诱发感染其他疾病，给整个羊群带来无法估量的损失。因此必须根据当地实际情况和寄生虫病的发病规律，增加预防寄生虫病的投入，尤其在寄生虫病流行季节，应选择合理的抗寄生虫药物，对羊群进行定期驱虫，能够有效防止寄生虫病的发生。"驱虫提醒"模块录入了操作"名称""耳号""羊类别""当前舍""周期""方式""药物""驱虫日期"等信息（图12-102），可直观显示每一只羊驱虫计划及具体操作，降低操作人员工作难度。

"驱虫预警"模块通过智能化养殖手持端推送，将即将需要进行驱虫操作的羊只信息发送给操作人员，包括"名称""耳号""羊类别""当前舍""周期""方式""药物""驱虫时间"。操作人员可直接通过预警指令找到具体的羊舍羊只，按照指定方式（注射、药浴或口服药品等方式）在指定时间内使用药物。

驱虫提醒

驱虫提醒　　驱虫预警

驱虫提醒(136条)

名称	耳号	羊类别	当前舍	周期	方式	药物	驱虫日期
群体驱虫	10006	后备羊	羊舍C1	每月	药浴	艾司唑仑注射液	2024-02-02
群体驱虫	10008	后备羊	羊舍15	每月	药浴	艾司唑仑注射液	2024-02-02
群体驱虫	10011	后备羊	羊舍B4	每月	药浴	艾司唑仑注射液	2024-02-02
群体驱虫	10017	后备羊	羊舍8	每月	药浴	艾司唑仑注射液	2024-02-02
群体驱虫	10027	后备羊	羊舍B1	每月	药浴	艾司唑仑注射液	2024-02-02
群体驱虫	10030	后备羊	羊舍C3	每月	药浴	艾司唑仑注射液	2024-02-02
群体驱虫	10035	后备羊	羊舍D6	每月	药浴	艾司唑仑注射液	2024-02-02
群体驱虫	10037	后备羊	羊舍A3	每月	药浴	艾司唑仑注射液	2024-02-02
群体驱虫	10043	后备羊	羊舍C1	每月	药浴	艾司唑仑注射液	2024-02-02
群体驱虫	10047	后备羊	羊舍C5	每月	药浴	艾司唑仑注射液	2024-02-02
群体驱虫	10048	后备羊	羊舍D5	每月	药浴	艾司唑仑注射液	2024-02-02

图12-102　驱虫提醒

12.3.4.6　断奶提醒

断奶提醒系统由"断奶提醒""断奶预警"两个模块构成。羊的生长与增重速度受多种因素影响，如品种、营养、饲喂方式、疾病和育肥年龄等。要使羔羊生长快，需要从哺乳期抓起，保证蛋白质、能量等供应，如果仅仅饲喂青饲料是不行的。羔羊在出生后10 d左右就有采食行为，因此，在羔羊出生后15 d就应该训练羔羊采食。要用容易消化吸收、高营养的饲料和饲草，一般以玉米、豆粕为主，添加多种维生素、微量元素、食盐、骨粉等的混合料，使羔羊习惯吃料，同时补喂切碎的优质青饲料等。早开草、早开料的目的是锻炼羔羊的采食能力，刺激瘤胃发育和促使微生物区系形成，为羔羊断奶后能适应全日粮饲喂和促进生长奠定基础。及时断奶对羔羊适应自主采食、补充营养需要具有重要意义。"断奶提醒"模块录入了羔羊"编号""类型""耳号""断奶时间""分娩时间"等相关信息（图12-103），直观展现了断奶羔羊的断奶计划安排，降低操作人员工作难度。

"断奶预警"模块通过智能化养殖手持端推送，将需要进行断奶的羔羊"类型""耳号""断奶时间""分娩时间"等信息发送给操作人员，操作人员可直接根据断奶预警指令完成对羔羊断奶、补饲等操作。

断奶提醒

| | 羊耳号: | 全部 | ▼ | 时间: | 请选择时间段 | | 搜索 | 清空 |

断奶提醒　　断奶预警

编号	类型	耳号	断奶时间	分娩时间
1	断奶	10058	2020-01-26	2020-08-01
2	断奶	10056	2020-01-27	2020-08-02
3	断奶	10080	2020-01-28	2020-08-03
4	断奶	10081	2020-01-20	2020-08-30
5	断奶	10085	2020-01-26	2020-08-06
6	断奶	10080	2020-02-28	2020-09-03
7	断奶	10081	2020-02-20	2020-09-30
8	断奶	10085	2020-02-26	2020-09-06
9	断奶	10081	2020-03-20	2020-10-30
10	断奶	10085	2020-04-26	2020-11-06

图12-103　断奶提醒

12.3.4.7　配种提醒

配种提醒系统由"配种提醒""配种预警"两个模块构成。种羊繁殖配种技术涉及的技术要点较多，包括选择合适的初配年龄、延长种公羊使用年限等，适时配种、选择合适的配种方式、做好繁殖配种每一环节的工作，对于提高配种受胎率、提高产羔数量都非常的重要。"配种提醒"模块录入了羊只"编号""类型""耳号""发情时间""配种时间"等信息（图12-104），直观展现了羊只配种操作计划安排，降低了操作人员工作难度。

配种提醒

| | 羊耳号: | 全部 | ▼ | 时间: | 请选择时间段 | | 搜索 | 清空 |

配种提醒　　配种预警

编号	类型	耳号	发情时间	配种时间
1	配种	10058	2020-07-31	2020-08-01
2	配种	10056	2020-08-01	2020-08-02
3	配种	10180	2020-10-29	2020-11-01
4	配种	10181	2020-11-01	2020-11-03
5	配种	10185	2020-11-12	2020-11-12
6	配种	10158	2020-11-14	2020-11-14
7	配种	10156	2020-11-24	2020-11-25
8	配种	10047	2020-12-03	2020-12-04

图12-104　配种提醒

　　"配种预警"模块通过智能化养殖手持端推送，将适配羊只"类型""耳号""发情时间""配种时间"等信息发送给操作人员，操作人员直接根据配种预警指令完成配种工作。

12.3.4.8　妊检提醒

　　妊检提醒系统由"妊检提醒""妊检预警"两个模块构成。"妊娠提醒"模块录入了羊只妊检"编号""类型""耳号""妊检时间""配种时间"等相关信息（图12-105），直观展现了每只母羊的妊检计划安排，降低了操作人员工作难度。

　　"妊检预警"模块通过智能化养殖手持端推送，将适配羊只"类型""耳号""妊检时间""配种时间"等信息发送给操作人员，操作人员直接根据妊检预警指令完成配种工作。

编号	类型	耳号	妊检时间	配种时间
1	妊检	10058	2020-08-01	2020-07-26
2	妊检	10056	2020-08-02	2020-07-27
3	妊检	10080	2020-08-03	2020-07-28
4	妊检	10081	2020-08-30	2020-07-20
5	妊检	10085	2020-08-06	2020-07-26
6	妊检	10080	2020-08-07	2020-07-30
7	妊检	10061	2020-07-15	2020-07-10
8	妊检	10085	2020-08-01	2020-07-26
9	妊检	10180	2020-08-09	2020-07-30
10	妊检	10281	2020-07-10	2020-07-21
11	妊检	10185	2020-08-10	2020-07-30

图12-105　妊检提醒

12.3.4.9　分娩提醒

　　分娩提醒系统由"分娩提醒""分娩预警"两个模块构成。母羊一般7~9月龄发情配种，妊娠期在140~150 d。母羊在产仔前生理和形态上会发生一些变化，技术人员应该仔细观察，以便判断母羊的预产时间，减少失误。对有临产征兆的母羊，做好产前的准备工作，对分娩母羊要精心管理，对助产、难产母羊要及时护理，以免带来损失。"分娩提醒"模块录入了待分娩母羊"编号""类型""耳号""分娩时间""预计发情时间"等信息（图12-106），直观展现了分娩母羊分娩计划安排，降低了操作人员工作难度。"分娩预警"模块通过智能化养殖手持端推送，将待分娩母羊"编号""类型""耳号""分娩时间""预计发情时间"等信息发送给操作人员，操作人员直接根据分娩预警指令完成配种工作。

分娩提醒

| 羊耳号： | 全部 | ▼ | 时间： | 请选择时间段 | | 搜索 | 清空 |

分娩提醒　　分娩预警

编号	类型	耳号	分娩时间	预计发情时间
1	分娩	10045	2020-04-26	2020-07-07
2	分娩	10060	2020-04-27	2020-07-09
3	分娩	10065	2020-04-28	2020-07-11
4	分娩	10047	2020-04-20	2020-07-12
5	分娩	10050	2020-04-26	2020-07-07
6	分娩	10065	2020-04-28	2020-07-20

图12-106　分娩提醒

12.3.4.10　异常提醒

异常提醒系统由"异常提醒""异常预警"两个模块构成。"异常提醒"模块录入了养殖过程中可能出现饮食、中毒、瘙痒病、肌肉抽搐、日射病、尿毒症等异常状况。在养殖生产中时常有异常情况发生，对于异常情况的及时反应、及时处理就是减少损失的最好办法。想要做到及时反应、及时处理，对日常管理中异常情况的及时发现反馈就是基础。"异常提醒"模块录入"编号""耳号""舍""类型""内容""时间"等信息（图12-107），是突发状况处理的基础。

"异常预警"模块通过智能化养殖手持端推送，将"编号""耳号""舍""类型""内容""时间"等信息发送给操作人员，操作人员直接根据异常预警指令及时核验异常情况。

异常提醒

| 羊耳号： | 全部 | ▼ | 时间： | 请选择时间段 | | 搜索 | 清空 |

异常提醒　　异常预警

编号	耳号	舍	类型	内容	时间
1	10058	供体羊A舍	饮食	无	2020-01-26
2	10051	供体羊A舍	中毒	无	2020-01-26
3	10052	隔离A1舍	瘙痒病	无	2020-03-26
4	10055	隔离A1舍	饮食	无	2020-04-20
5	10031	杂交羊C1舍	肌肉抽搐	羊舍异常	2020-05-07
6	10064	杂交羊C1舍	日射病	羊舍异常	2020-06-14
7	10069	杂交羊C2舍	尿毒症	羊舍异常	2020-09-14
8	10070	杂交羊C2舍	瘙痒病	处理	2020-11-12

图12-107　异常提醒

12.3.4.11　推送提醒

根据系统中已录入预警提醒，将预警指令"编号""类型""内容""时间""接收人"等信息录入（图12-108），系统将自动在设定时间通过设定方法下达预警指令。智能畜牧业养殖监控预警系统，主要是按照羊的生长环境特点，借助相应传感器来对羊的生长环境参数实施检测与分析，从而对羊的生长环境参数的安全性进行掌握，并及时向管理员进行预警。

推送提醒

类型:		时间: 请选择时间段		搜索 清空

编号	类型	内容	时间	接收人
3	短信	无	2020-11-03	管理员
2	邮件	无	2020-11-03	管理员
1	push	无	2020-11-03	管理员

图12-108　推送提醒

12.3.4.12　发情提醒

发情提醒系统主要由"发情提醒""发情预警"两个模块构成。传统的养殖模式无法提升肉羊的繁殖效率和规模化、标准化舍饲养殖效益。20世纪50年代建立的绵羊同期发情技术，在提高绵羊胎产羔数、缩短产羔间距、最大限度提高母羊年产羔数等方面作用显著，已成为养羊生产中一项重要的实用技术。因此，筛选出同期发情效果显著而稳定、便于操作、成本低廉且繁育率高的繁殖新技术，已成为当前养羊业生产中的一项紧要任务。"发情提醒"模块录入了羊只"编号""类型""耳号""分娩时间""预计发情时间"等信息（图12-109），将每一只羊发情情况进行直观展示，降低操作人员工作难度。

发情提醒

羊耳号: 全部		时间: 请选择时间段		搜索 清空

发情提醒　　发情预警

编号	类型	耳号	分娩时间	预计发情时间
1	发情	10003	2020-09-26	2021-01-04
2	发情	10005	2020-08-27	2020-12-09
3	发情	10009	2020-08-28	2020-12-10
4	发情	10020	2020-08-20	2020-12-10
5	发情	10025	2020-08-26	2020-12-07
7	发情	10027	2020-06-04	2020-10-07
8	发情	10028	2020-04-27	2020-08-09
9	发情	10030	2020-02-20	2020-06-10

图12-109　发情提醒

"发情预警"模块通过智能化养殖手持端推送,将待发情母羊"编号""类型""耳号""分娩时间""预计发情时间"等信息发送给操作人员,操作人员直接根据发情预警指令进行相关操作。

12.3.5 性能分析

性能分析系统对羊只主要性能包括繁殖统计、出生重量统计、单双羔统计、断奶统计、群体分布、胎次分布统计、试情统计、体尺称重统计、屠宰性能统计、疾病发病统计、流产统计、死亡淘汰统计等主要性能数据记录分析(图12-110),通过直方图、折线图等图表直观展现,从数据角度分析和得出规律,科学饲养。

图12-110　性能分析

12.3.5.1　繁殖统计

繁殖统计对试情情况、输精情况、妊检查统计、受胎率统计、成活率统计等繁殖性能进行统计,用图表方式呈现,其中试情统计使用柱状图,横坐标为时间轴,纵坐标为试情羊只数量;输精统计使用柱状图,横坐标为时间轴,纵坐标为输精羊只数量;妊检查统计使用环形图,三部分分别为未孕、已孕、待查;受胎率统计使用条形图和折线图,横坐标为时间轴,纵坐标为受胎数量,折线体现了受胎率变化规律;成活率统计使用条形图和折线图,横坐标为时间轴,纵坐标为成活数量,折线体现了成活率变化规律,可通过图示清楚地看出各月份羊繁殖性能(图12-111)。

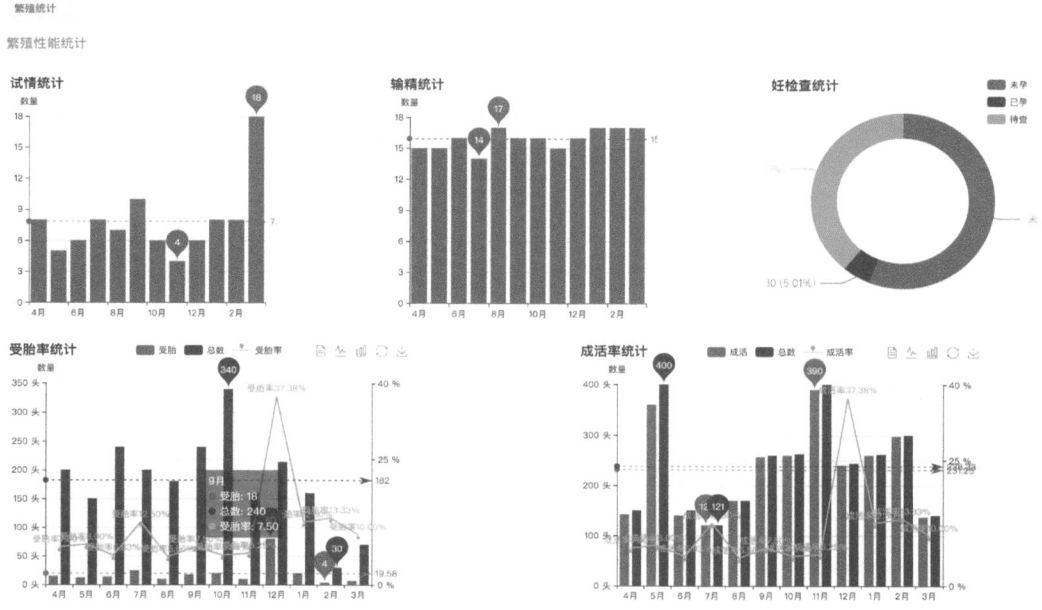

图12-111 繁殖统计

12.3.5.2 出生重量统计

出生重量统计对各年出生羊只进行统计。如图12-112所示，分别展示出2019年及2020年出生数量及平均重量。2019年、2020年出生数量统计使用环形图，分为羔羊、绵羊、山羊、大尾羊、和田羊5个部分。2019年、2020年平均重量统计使用条形图，横坐标为羊只种类（包括羔羊、山羊、绵羊、大尾羊、和田羊），纵坐标为羊只重量。

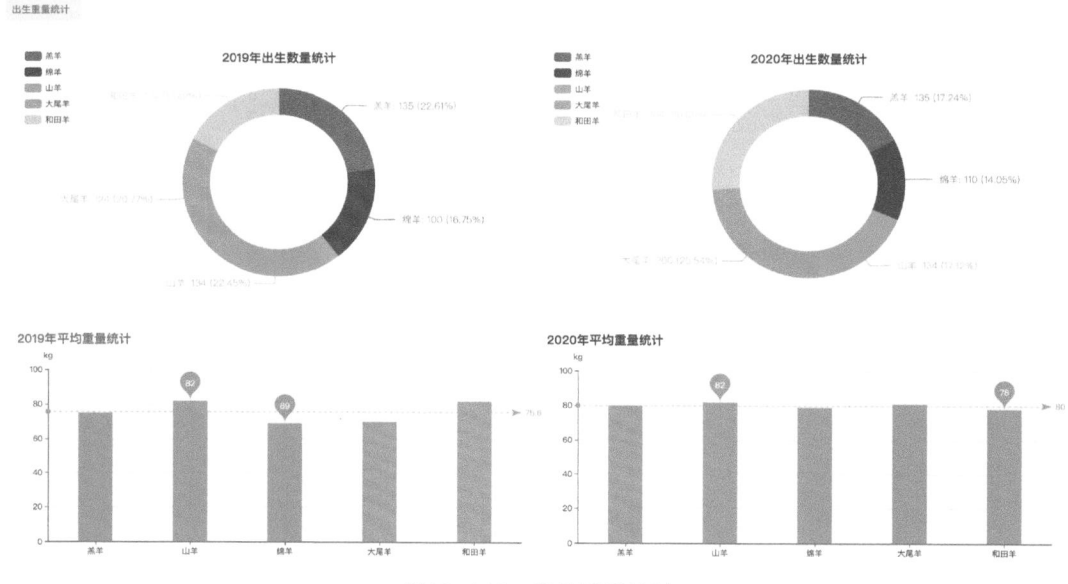

图12-112 出生重量统计

12.3.5.3 单双羔统计

单双羔统计对不同羊舍单羔数量、双羔数量、三羔数量、四羔数量及总体单双羔数量进行统计。圈舍单羔、双羔、三羔、四羔数量直接平铺展示，直观清晰，总体单双羔统计使用条形图，横坐标为一胎生产羊羔数量，纵坐标为繁殖母羊数量（图12-113）。

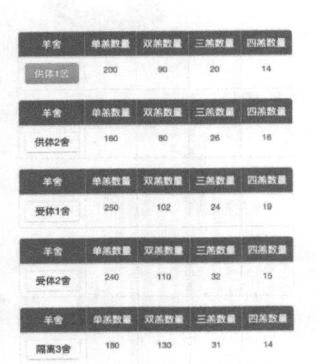
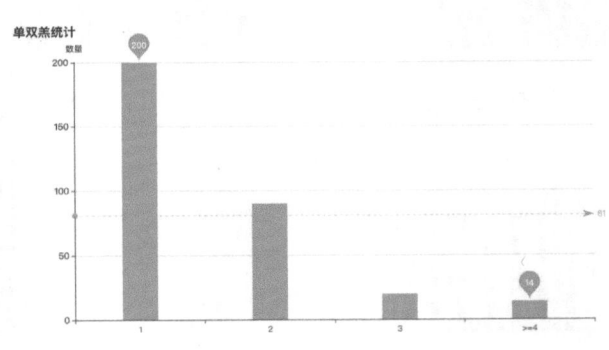

图12-113　单双羔统计

12.3.5.4 断奶统计

断奶统计使用条形图进行展现，横坐标为时间轴，纵坐标为断奶羔羊数量，图中深色条形表示断奶羔羊数量，浅色为平均体重值（图12-114）。

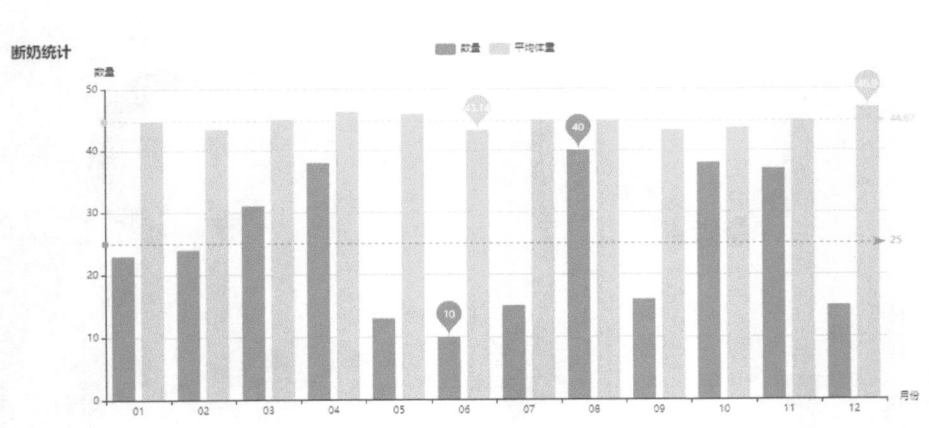

图12-114　断奶统计

12.3.5.5 群体分布

群体分布对羊只现存栏情况分布、品系分布、羊只公母分布、羊只年龄分布进行统计。羊只现存栏分布情况使用饼图，分为山羊、绵羊2个部分；品系分布情况使用饼图，分为羔羊、后备羊、成年羊、育肥羊4个部分；羊只公母分布使用饼图，分为公、母2个部分；羊只年龄分布使用饼图，分为羔羊、后备羊、成年羊3个部分（图12-115）。

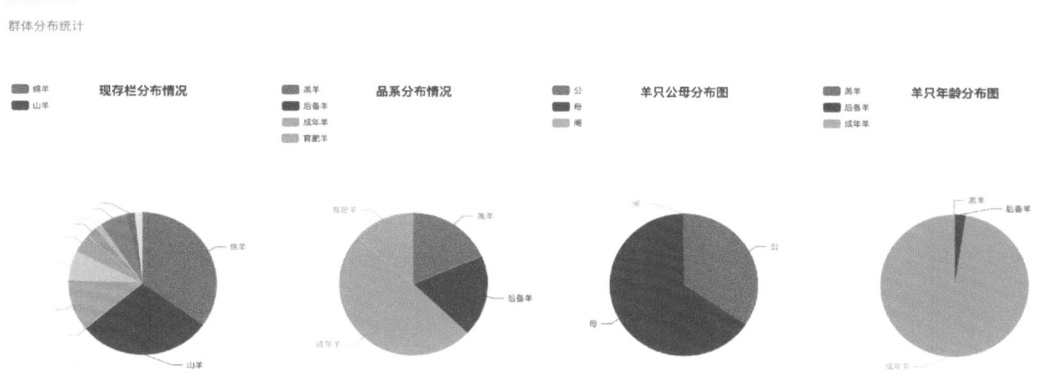

图12-115 群体分布

12.3.5.6 胎次分布统计

胎次分布统计对各个羊舍母羊产胎次数，及总体母羊产胎次数进行统计。各个羊舍产胎次数使用表格直观平铺展现了不同圈舍1胎、2胎、3胎、4胎、5胎、6胎以上母羊数量；总体胎次分布统计使用曲线图，横坐标为胎次数，纵坐标为母羊数量（图12-116）。

分组	胎次					
羊舍	1胎	2胎	3胎	4胎	5胎	6胎以上
供体1舍	232	102	54	14	3	0
供体2舍	205	104	62	16	5	3
受体1舍	224	108	80	26	13	0
受体2舍	229	112	20	18	16	9
隔离2舍	240	130	42	14	6	10
隔离3舍	240	141	74	20	18	12

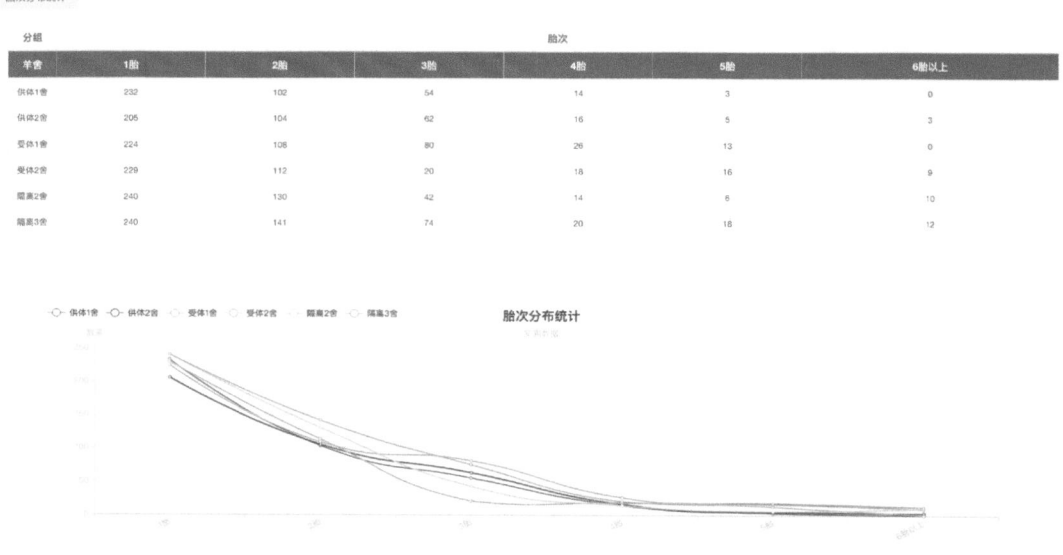

图12-116 胎次分布统计

12.3.5.7 试情统计

试情统计对各月份羊只试情情况进行统计。试情统计使用条形图，横坐标为时间轴，纵坐标为试情数量（图12-117）。

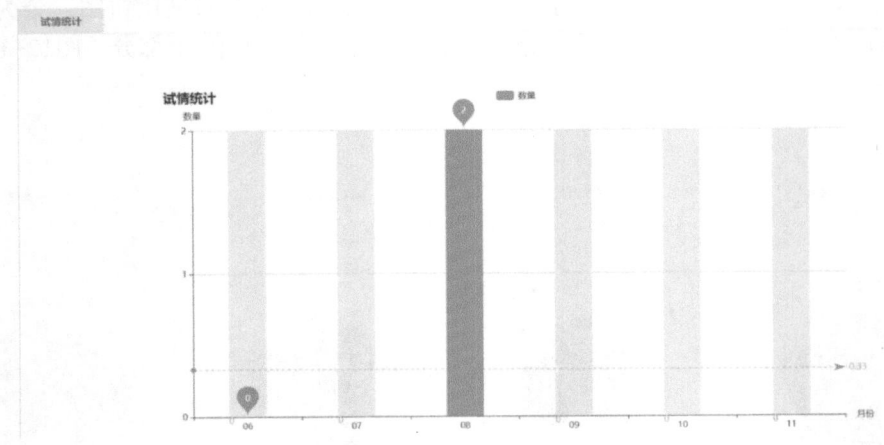

图12-117 试情统计

12.3.5.8 体尺称重统计

体尺称重统计对各个羊舍羊只平均体高、平均胸围、平均腹围、平均管围、平均尻长，总体体尺称重数据统计。各个羊舍羊只平均体高、平均胸围、平均腹围、平均管围、平均尻长数据使用表格直观平铺展现；各个圈舍羊总体体尺称重数据使用折线图，横坐标为体尺称重指标，纵坐标为具体数值（图12-118）。

体尺称重统计

体尺称重统计

圈舍	平均体高	平均胸围	平均腹围	平均管围	平均尻长
受体1舍	80	90	80	9.8	11
受体2舍	75	88	82	9.4	12
供体1舍	70	87	81	9.1	14
供体2舍	78	96	79	8.8	14
隔离1舍	76	98	85	8.6	16
隔离2舍	71	97	81	7.8	10

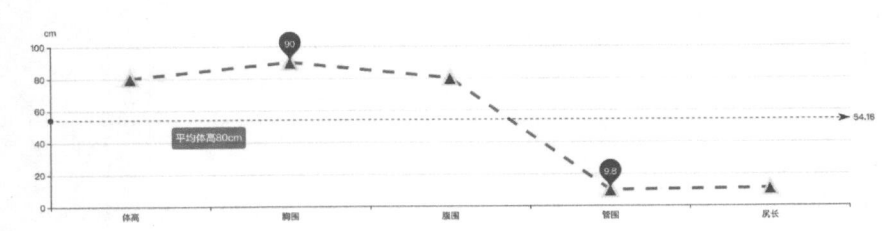

图12-118 体尺称重统计

12.3.5.9 屠宰性能统计

屠宰性能统计对各个圈舍羊只屠宰性能（胴体重分布、活体重分布、净肉重分布、头蹄重分布）数据进行统计。各个圈舍羊只屠宰重量数据使用表格直观平铺展示了不同圈舍羊只胴体重、活体重、净肉重、头蹄重等数据；胴体重、活体重、净肉重及头蹄重分布均采用折线图，横坐标为各屠宰性能指标的重量，纵坐标为羊只数量，从表中及折线图中均可直观地看出圈舍羊只屠宰性能分布情况（图12-119）。

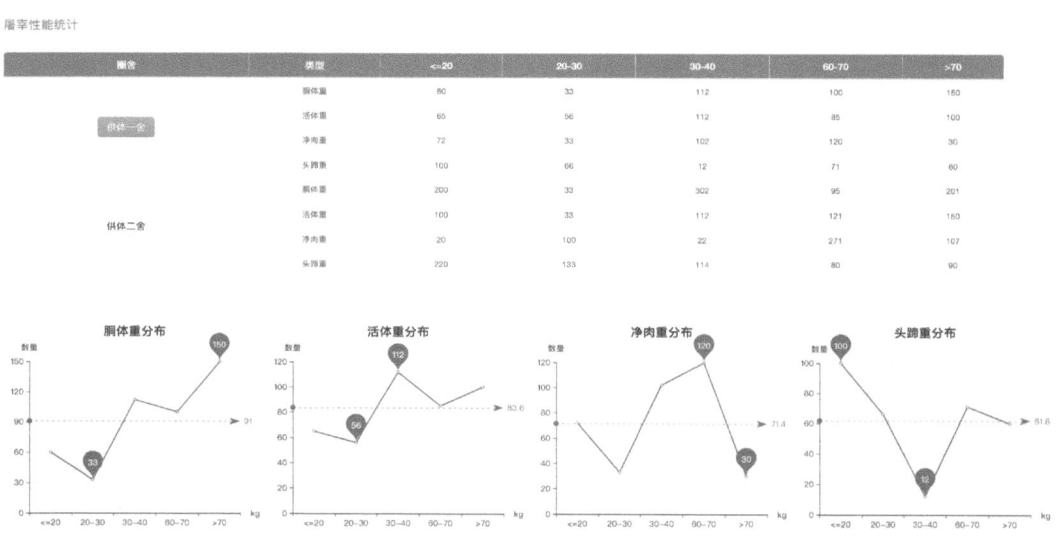

图12-119 屠宰性能统计

12.3.5.10 疾病发病统计

疾病发病统计对各个隔离圈舍羊只发病情况（包括胃病、狂犬病、感冒、打喷嚏等）、时间、数量及总体发病情况分布进行统计。圈舍疾病发病情况使用表格直观平铺展现各个圈舍不同疾病发病类型和时间；总体疾病发病情况使用折线图表示，横坐标为时间，纵坐标为发病数量，四条折线分别为胃病、狂犬病、感冒、打喷嚏（图12-120）。

疾病发病统计

疾病发病统计

圈舍	类型	周一	周二	周三	周四	周五	周六	周日
	胃病	11	3	8	11	12	3	12
	狂犬病	13	4	7	13	2	4	11
	感冒	10	6	6	10	3	7	3
	打喷嚏	9	1	4	9	4	2	4
隔离二舍	胃病	10	6	2	12	8	12	4
	狂犬病	8	5	12	11	12	12	5
	感冒	7	4	14	9	2	6	4
	打喷嚏	8	3	11	11	22	5	3

图12-120　疾病发病统计

12.3.5.11　流产统计

流产统计对各个圈舍羊只流产数量、总配种数量及总体流产率统计数据分布。圈舍母羊流产情况使用表格直观平铺展现各个圈舍流产总数量和配种总数量；总体流产统计使用条形图和折线图表示，横坐标为时间轴，纵坐标流产数量，深色条形为配种数量、浅色条形为流产数量，折线为流产率变化规律（图12-121）。

流产统计

圈舍	流产总数量	配种总数量
供体1舍	11	275
供体2舍	13	164
供体3舍	24	155

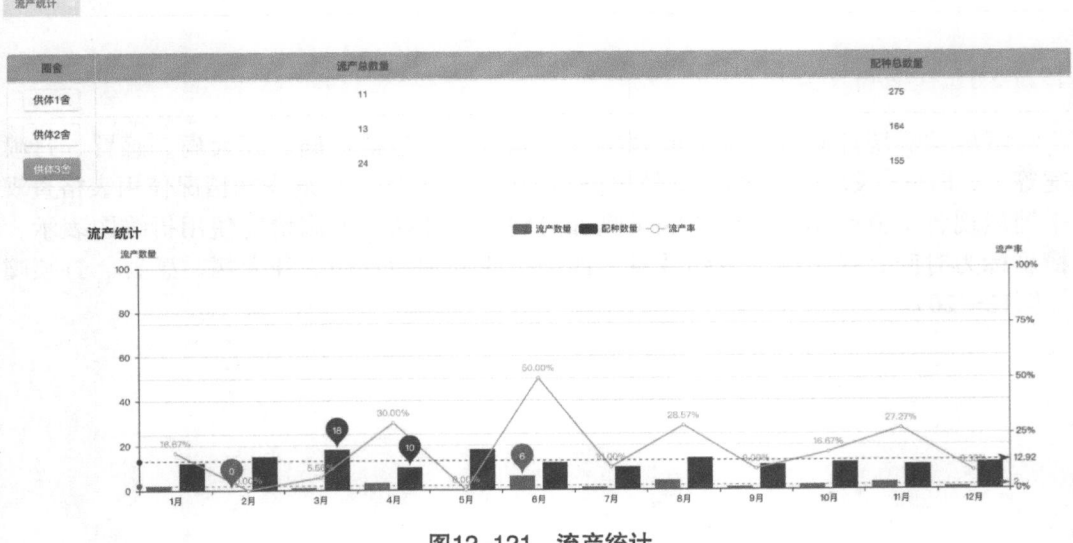

图12-121　流产统计

12.3.5.12　死亡淘汰统计

死亡淘汰统计是指对各个年份羊只存活、死亡及淘汰个数进行统计。图12-122展示的为2019—2020年死亡淘汰统计图，使用环形图分为存活、淘汰、死亡3个部分。

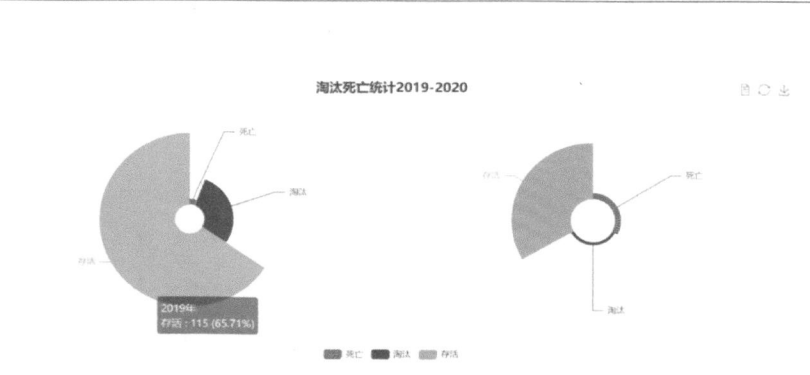

图12-122　死亡淘汰统计

12.3.6　实景监控

实景监控系统主要功能是通过前端摄像机部分→图像传输部分→中心机房控制部分→图像显示部分将养殖场现场的实景，包括固定与移动位的实时视频信号采集后发送到后端平台，以实现对养殖场温度、湿度、二氧化碳浓度、氨气浓度、硫化氢浓度、光照实时情况及平均值的24 h监控。最终将数据绘成曲线图直观展示，横坐标为时间轴，纵坐标分别为温度、湿度、光照强度，6条曲线分别为温度感应、湿度感应、光照感应、二氧化碳感应、硫化氢感应、氨气感应（图12-123）。

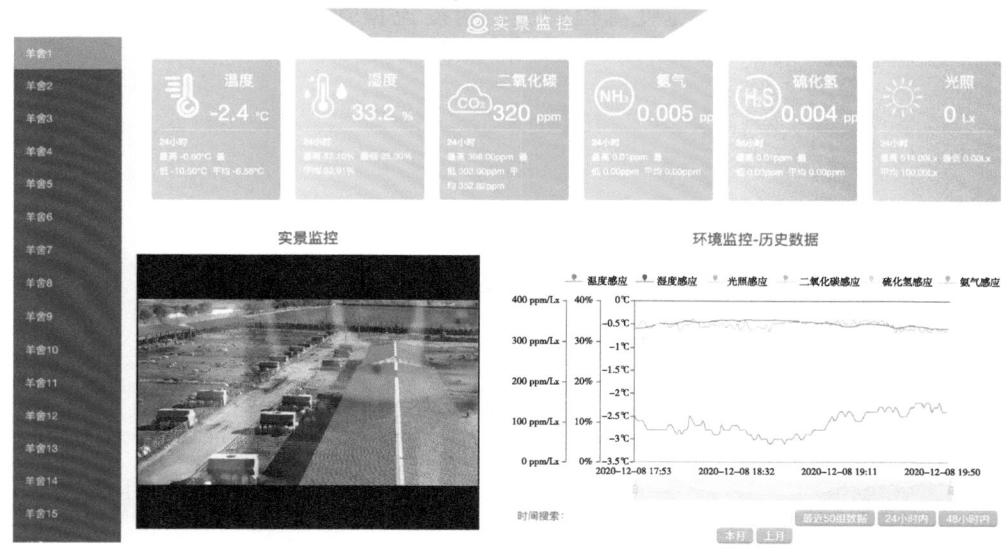

图12-123　实景监控系统

12.3.7 性能测定

羊性能测定通过测定装备对羊进行测定，将测定结果自动上报至云平台，羊性能测定分析系统通过分析采集的体况、温度、体尺数据，分析羊个体性能变化，实现羊测定性能以及生产性能的实时监测（图12-124）。

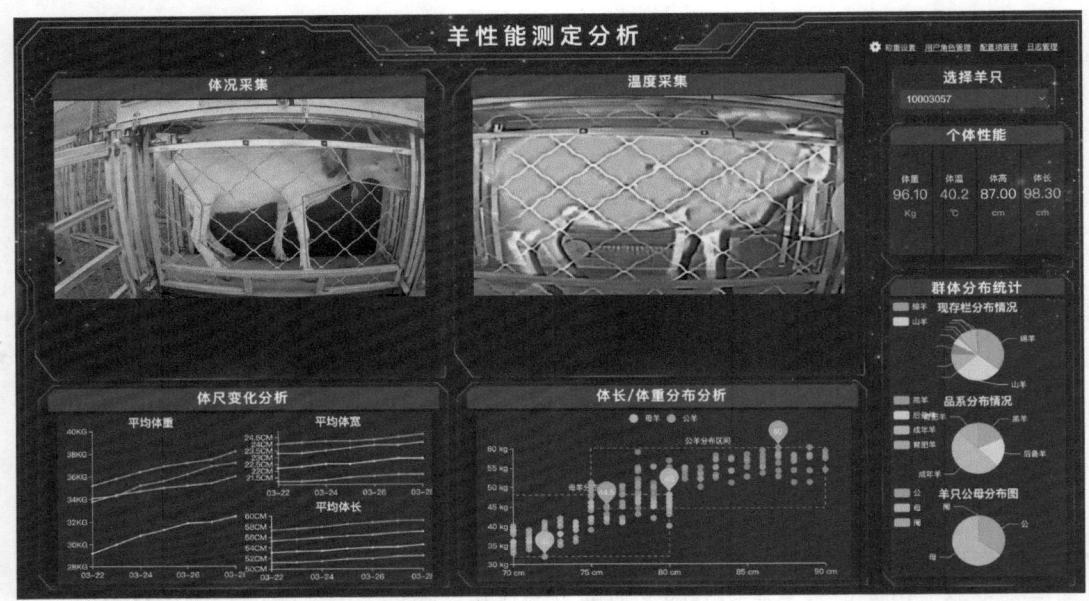

图12-124 羊性能测定系统

12.3.8 疾病防疫

疾病防疫系统由疾病、免疫流程管理、检疫流程管理、驱虫消毒4个部分组成（图12-125）。

图12-125 疾病防疫系统

12.3.8.1 疾病

疾病系统包括疾病分类和疾病记录2个部分。养殖羊疾病频发，对于羊常见病有基本了解是养殖人员的基本从业要求。系统中"疾病分类"录入了不同分类（包括消化疾病、代谢疾病、乳房疾病、肢蹄疾病、呼吸疾病、其他疾病等）、疾病名称（包括胃胀、营养代谢、无乳症、腐蹄症、呼吸道感染、食欲不振、传染性脓疱、脑膜脑炎、拉稀、羔羊硬瘫等）（图12-126），养殖人员可通过"添加""编辑""删除"修改以上信息，可通过选择"疾病分类"，输入"疾病名称"查询疾病分类信息。

图12-126　查询疾病分类信息

　　系统中"疾病记录"显示了发病羊"编号""圈舍""耳号""疾病名称""发病时间""疾病详细名称""体温""心跳""呼吸""主要症状""病因""处置""兽医姓名"等信息（图12-127）。为后期疾病再次发生的判别和处理提供参考。
　　养殖人员可通过"添加""编辑""删除"修改以上信息，可通过选择"羊耳号""疾病时间"，查询羊只疾病记录。

疾病记录

羊耳号：全部　　　　　疾病时间：请选择时间段　　　　　搜索　清空

＋添加　打印　导出

编号	圈舍	耳号	疾病名称	发病时间	疾病详细名称	体温	心跳	呼吸	主要症状	病因	处置	兽医姓名	操作
39	羊舍2	100001	呼吸道感染	2021-08-16		39.00	60.00	60.00	感冒	着凉	打针	张柱	编辑 删除
37	羊舍6	10142	拉稀	2020-12-21	水样拉稀	36.00	55.00	55.00	四肢无力	环境饮食等因素	易霉剂饲料，持续应用7天可降低95%的死毛。	张柱	编辑 删除
35	羊舍11	10102	传染性脓疱	2020-11-10	传染性脓疱（羊口疮）	36.00	55.00	20.00	该病在临床上可分为唇型、蹄型和外阴型，但以唇型感染为主要症状	由病毒引起的一种传染病，其特征为口唇等处皮肤和黏膜形成丘疹、脓疱、溃疡和结成疣状厚痂。	采用综合防治措施治疗，可明显缩短病程，效果显著。	张柱	编辑 删除
34	羊舍A4	10001	食欲不振	2020-11-26	前胃弛缓	1.00	1.00	1.00	食欲、反刍、嗳气紊乱	由于饲养不良，劳役过度，致使脾脏不足，水草迟细的一种疾病，是常发病之一。	补脾益胃，消食理气	张柱	编辑 删除
32	羊舍A2	10078	胎衣不下	2020-09-07	胎衣不下	38.00	65.00	55.00	母羊超过正常时间（绵羊6小时、山羊5小时）还du未排出胎衣	一胎多羔，胎水过多，胎儿过大	可用垂体后计素注射液或催产素注射液或麦碱注射液0.8～1毫升，一次肌肉注射。	勘衣畜牧管理员	编辑 删除
31	羊舍A3	10095	畸形胎	2020-09-01	羊畸形胎	38.50	45.00	65.00	羊惠胚胎畸形	羊怀孕过程中发育不良造成畸形	镇定下来，接受现实	勘衣畜牧管理员	编辑 删除

图12-127　羊只疾病记录

12.3.8.2 免疫流程管理

免疫流程管理系统包括免疫计划和免疫羊只2个部分。系统中“免疫计划”录入了针对常见疾病（包括烂嘴病，羔羊腹泻，预防山羊痘，羊链球菌病，山羊口疮病，预防口蹄感染，预防由绵羊肺炎支原体引起的传染性胸膜肺炎，羊快疫、猝疾、肠毒血症，预防羊炭疽，防布氏杆菌病）、疫苗名称、使用剂量、免疫周期、时间等相关信息（图12–128），养殖人员可通过点击“添加”“编辑”“删除”以上信息，通过输入“免疫名称”进行查询。

免疫计划

免疫名称：请输入关键字... 搜索 清空

+添加

编号	免疫名称	疫苗名称	使用剂量	免疫周期	时间	操作
43	羔羊腹泻	口服土霉素	120 ml	每月	15号	编辑 删除
42	山羊痘	山羊痘活疫苗	100 ml	每年	02-21	编辑 删除
39	羊链球菌病	羊链球菌氢氧化铝活苗	50 ml	每周	星期日	编辑 删除
38	山羊口疮病	山羊口疮病	58 ml	每周	星期一	编辑 删除
19	口蹄疫感染	口蹄疫疫苗	80 ml	每年	02-07	编辑 删除
17	由绵羊肺炎支原体引起的传染性胸膜肺炎	羊肺炎支原体氢氧化铝灭活疫苗	80 ml	每年	02-06	编辑 删除
16	羊快疫、猝疾、肠毒血症	羊厌气菌氢氧化铝甲醛五联灭活疫苗	70 ml	每年	11-14	编辑 删除
15	羊炭疽	第II号炭疽芽胞苗	63 ml	每月	8号	编辑 删除
12	布氏杆菌病	布氏杆菌病羊型疫苗	60 ml	每年	10-22	编辑 删除

图12–128　免疫计划信息

系统中“免疫羊只”显示了需要免疫羊只“所属羊舍”“羊耳号”“免疫时间”“免疫计划名称”“疫苗名称”“使用剂量”“免疫方法”“操作人”等信息（图12–129），为系统根据“免疫计划”进行分析后下达，养殖人员可通过“添加”“删除”免疫羊只信息，也可通过选择“羊耳号”“免疫时间”查询。

免疫羊只

羊耳号：全部　免疫时间：请选择时间段 搜索 清空

+添加

编号	所属羊舍	羊耳号	免疫时间	免疫计划名称	疫苗名称	使用剂量	免疫方法	操作人	操作
262	羊舍2	100001	2021-08-16	防布氏杆菌病	布氏杆菌病羊型疫苗	60	注射	张柱	删除
261	羊舍A1	10007	2021-08-13	预防由绵羊肺炎支原体引起的传染姓胸膜肺炎	羊肺炎支原体氢氧化铝灭活疫苗	80	其他	张柱	删除
260	羊舍B5	10021	2020-11-09	羔羊腹泻	口服土霉素	12	口服	张柱	删除
259	羊舍B3	10004	2020-11-27	预防由绵羊肺炎支原体引起的传染姓胸膜肺炎	羊肺炎支原体氢氧化铝灭活疫苗	12	其他	张柱	删除
258	羊舍A4	10001	2020-11-26	防布氏杆菌病	布氏杆菌病羊型疫苗	12	注射	张柱	删除
257	羊舍A5	10018	2020-09-30	预防羊炭疽	第II号炭疽芽胞苗	21	注射	勤农畜牧兽医	删除
256	羊舍A4	10038	2020-08-30	预防由绵羊肺炎支原体引起的传染姓胸膜肺炎	羊肺炎支原体氢氧化铝灭活疫苗	12	注射	勤农畜牧管理员	删除
255	羊舍A5	10018	2020-08-31	预防口蹄感染	口蹄疫疫苗	8	注射	勤农畜牧管理员	删除
254	羊舍A5	10018	2020-09-06	预防山、绵羊羊痘	山羊痘弱毒疫苗	9	口服	勤农畜牧管理员	删除

图12–129　免疫羊只信息

12.3.8.3 检疫流程管理

系统中“检疫流程”显示了检疫羊只“编号”“所属羊舍”“羊耳号”“检疫时间”“检疫计划名称”“疫苗名称”“使用剂量”“检疫方法”“操作人”等相关信息（图12-130），形成任务反馈，最终汇总信息。

养殖人员可通过“添加”“删除”修改以上信息，也可以通过选择“羊耳号”“检疫时间”，查询羊只检疫流程。

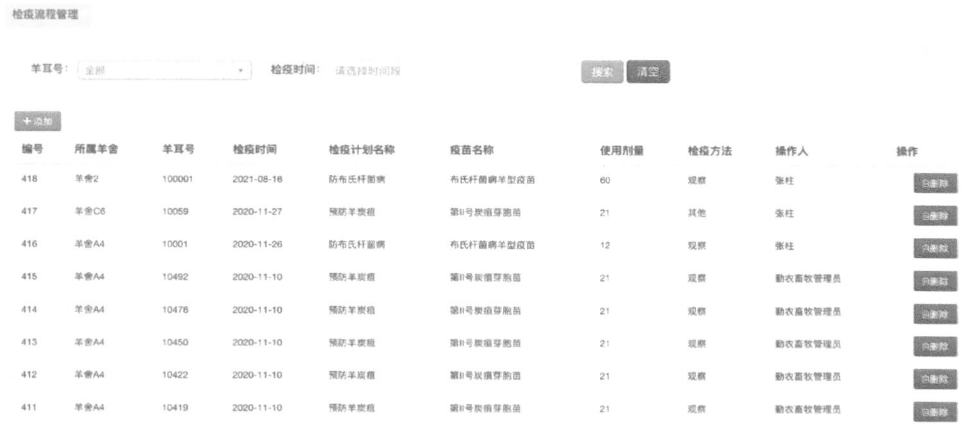

编号	所属羊舍	羊耳号	检疫时间	检疫计划名称	疫苗名称	使用剂量	检疫方法	操作人	操作
418	羊舍2	100001	2021-08-16	防布氏杆菌病	布氏杆菌病羊型疫苗	60	观察	张柱	删除
417	羊舍C6	10059	2020-11-27	预防羊炭疽	第II号炭疽芽胞苗	21	其他	张柱	删除
416	羊舍A4	10001	2020-11-26	防布氏杆菌病	布氏杆菌病羊型疫苗	12	观察	张柱	删除
415	羊舍A4	10492	2020-11-10	预防羊炭疽	第II号炭疽芽胞苗	21	观察	勤农畜牧管理员	删除
414	羊舍A4	10476	2020-11-10	预防羊炭疽	第II号炭疽芽胞苗	21	观察	勤农畜牧管理员	删除
413	羊舍A4	10450	2020-11-10	预防羊炭疽	第II号炭疽芽胞苗	21	观察	勤农畜牧管理员	删除
412	羊舍A4	10422	2020-11-10	预防羊炭疽	第II号炭疽芽胞苗	21	观察	勤农畜牧管理员	删除
411	羊舍A4	10419	2020-11-10	预防羊炭疽	第II号炭疽芽胞苗	21	观察	勤农畜牧管理员	删除

图12-130 羊只检疫流程

12.3.8.4 驱虫消毒

驱虫消毒系统包括驱虫记录和消毒方案管理2个部分。系统中“驱虫记录”显示了驱虫羊只“编号”“所属羊舍”“羊耳号”“驱虫时间”“驱虫名称”“驱虫方法”“药品”“兽医名称”（图12-131）。

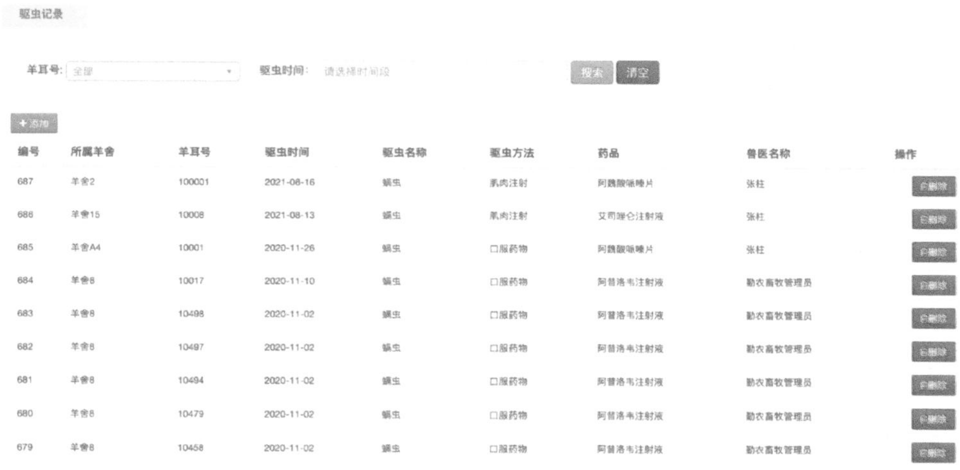

编号	所属羊舍	羊耳号	驱虫时间	驱虫名称	驱虫方法	药品	兽医名称	操作
687	羊舍2	100001	2021-08-16	蜗虫	肌肉注射	阿魏酸哌嗪片	张柱	删除
686	羊舍15	10008	2021-08-13	蜗虫	肌肉注射	艾司唑仑注射液	张柱	删除
685	羊舍A4	10001	2020-11-26	蜗虫	口服药物	阿魏酸哌嗪片	张柱	删除
684	羊舍8	10017	2020-11-10	蜗虫	口服药物	阿昔洛韦注射液	勤农畜牧管理员	删除
683	羊舍8	10498	2020-11-02	蜗虫	口服药物	阿昔洛韦注射液	勤农畜牧管理员	删除
682	羊舍8	10497	2020-11-02	蜗虫	口服药物	阿昔洛韦注射液	勤农畜牧管理员	删除
681	羊舍8	10494	2020-11-02	蜗虫	口服药物	阿昔洛韦注射液	勤农畜牧管理员	删除
680	羊舍8	10479	2020-11-02	蜗虫	口服药物	阿昔洛韦注射液	勤农畜牧管理员	删除
679	羊舍8	10458	2020-11-02	蜗虫	口服药物	阿昔洛韦注射液	勤农畜牧管理员	删除

图12-131 羊只驱虫记录

养殖人员可通过"添加""删除"修改以上驱虫信息，也可通过选择"羊耳号""驱虫时间"，查询羊只驱虫记录。

系统"消毒方案管理"显示了"编号""羊舍""消毒时间""药品""相关人姓名"等消毒信息（图12-132）。

养殖人员可通过"添加""编辑""删除"修改以上信息，也可以通过选择"所属舍""消毒时间"，查询消毒记录。

编号	羊舍	消毒时间	药品	相关人姓名	操作
66	羊舍1	2021-08-16	阿魏酸哌嗪片	张柱	编辑 删除
65	羊舍3	2021-08-13	阿魏酸哌嗪片	张柱	编辑 删除
64	羊舍5	2020-12-08	艾司唑仑注射液	孟和苏拉	编辑 删除
63	羊舍6	2020-12-23	阿昔洛韦注射液	张安安	编辑 删除
62	羊舍10	2020-11-27	阿昔洛韦注射液	王金宝,张柱	编辑 删除
61	羊舍7	2020-11-26	阿魏酸哌嗪片	张柱	编辑 删除
60	羊舍8	2020-11-10	艾司唑仑注射液	勤农畜牧普通员工	编辑 删除
59	羊舍7	2020-11-03	阿昔洛韦注射液	勤农畜牧兽医,勤农畜牧管理员	编辑 删除

图12-132　消毒方案管理

12.3.9　屠宰销售

屠宰销售系统包括客户管理、羊销售、销售记录和屠宰记录4个部分（图12-133）。

📞 屠宰销售 ＞
▸ 客户管理
▸ 羊销售
▸ 销售记录
▸ 屠宰记录

图12-133　屠宰销售系统

12.3.9.1　客户管理

系统中"客户管理"显示了"编号""客户名称""联系人名称""联系电话""客户类型"等客户信息（图12-134）。

养殖人员通过"添加""编辑""删除"以上信息，也可以通过输入"客户名称"，查询客户信息。

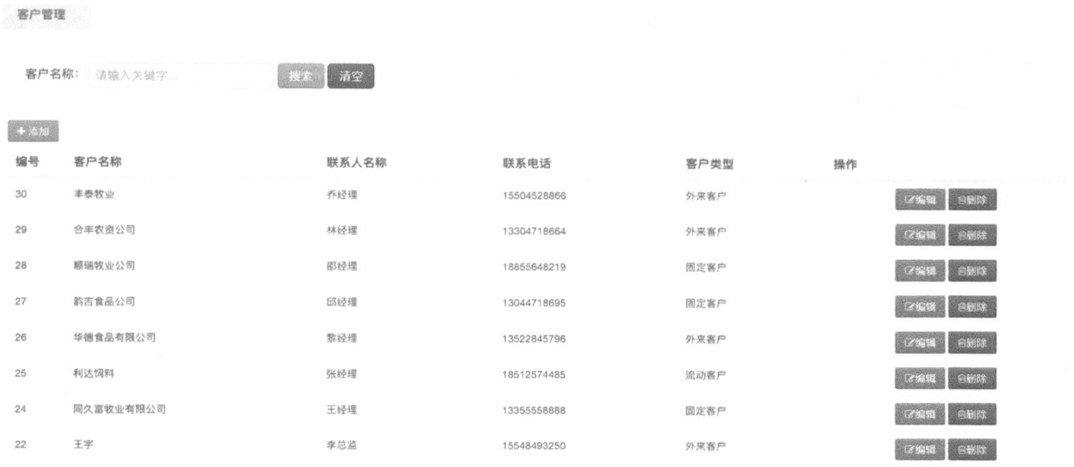

客户管理

客户名称：请输入关键字... 搜索 清空

+添加

编号	客户名称	联系人名称	联系电话	客户类型	操作
30	丰泰牧业	乔经理	15504528866	外来客户	编辑 删除
29	合丰农资公司	林经理	13304718664	外来客户	编辑 删除
28	顺瑞牧业公司	邵经理	18855648219	固定客户	编辑 删除
27	韵吉食品公司	邱经理	13044718695	固定客户	编辑 删除
26	华德食品有限公司	黎经理	13522845796	外来客户	编辑 删除
25	利达饲料	张经理	18512574485	流动客户	编辑 删除
24	同久富牧业有限公司	王经理	13355558888	固定客户	编辑 删除
22	王宇	李总监	15548493250	外来客户	编辑 删除

图12-134 客户信息

12.3.9.2 羊销售

系统中"羊销售"显示了销售羊只"编号""耳号""销售时间""操作人"等信息（图12-135）。

养殖人员可通过"添加""删除"修改以上信息，也可以通过输入"羊耳号"，选择"时间"，查询羊销售信息。

羊销售

羊耳号：请输入关键字... 时间：请选择时间段 搜索 清空

+添加

编号	耳号	销售时间	操作人	操作
47	10001,10003,10004,10005,10007,10008,10009	2020-12-21	赵金柱,王金宝,张柱,孟和苏拉,张安安	删除
46	10002,10003,10005,10007	2020-12-01	赵金柱,王金宝,孟和苏拉	删除
45	10001,10002,10003,10004,10005,10006.......	2020-12-16	赵金柱,王金宝,张柱,孟和苏拉,张安安,李贵	删除
44	10005	2020-11-15	勒衣畜牧普通员工,张安安	删除
43	10005,10120	2020-11-17	勒衣畜牧财务,勒农畜牧普通员工	删除
42	10405	2020-09-01	勒衣畜牧管理员	删除
40	10008	2020-09-15	勒衣畜牧普通员工	删除
39	10005,10008,10009	2020-09-01	勒衣畜牧普通员工	删除

图12-135 羊销售信息

12.3.9.3 销售记录

系统中“销售记录”显示了销售交易“编号”“客户类型”“客户名称”“客户联系人”“客户联系电话”“羊数量”“羊重量”“羊单价”“羊总价”“选羊人”“称重人”“复核人”“收款人”“销售时间”等信息（图12-136）。

养殖人员可通过“添加”“删除”修改以上信息，也可以通过输入“客户名称”，选择“销售时间”，查询销售记录。

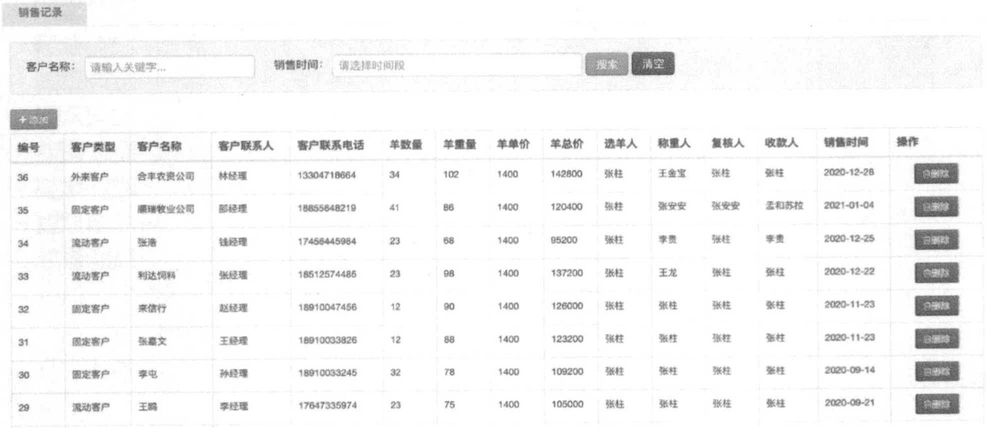
销售记录

客户名称：请输入关键字… 销售时间：请选择时间段 搜索 清空

+添加

编号	客户类型	客户名称	客户联系人	客户联系电话	羊数量	羊重量	羊单价	羊总价	选羊人	称重人	复核人	收款人	销售时间	操作
36	外来客户	合丰农资公司	林经理	13304718664	34	102	1400	142800	张柱	王金宝	张柱	张柱	2020-12-28	删除
35	固定客户	顺瑞牧业公司	邵经理	18855648219	41	86	1400	120400	张柱	张安安	张安安	孟和苏拉	2021-01-04	删除
34	流动客户	张浩	钱经理	17456445984	23	68	1400	95200	张柱	李贵	张柱	李贵	2020-12-25	删除
33	流动客户	利达饲料	张经理	18512574485	23	98	1400	137200	张柱	王龙	张柱	张柱	2020-12-22	删除
32	固定客户	来信行	赵经理	18910047456	12	90	1400	126000	张柱	张柱	张柱	张柱	2020-11-23	删除
31	固定客户	张嘉文	王经理	18910033826	12	88	1400	123200	张柱	张柱	张柱	张柱	2020-11-23	删除
30	固定客户	李屯	孙经理	18910033245	32	78	1400	109200	张柱	张柱	张柱	张柱	2020-09-14	删除
29	流动客户	王鹏	李经理	17647335974	23	75	1400	105000	张柱	张柱	张柱	张柱	2020-09-21	删除

图12-136 查询销售记录

12.3.9.4 屠宰记录

系统中“屠宰记录”显示了羊只屠宰后“编号”“羊耳号”“屠宰时间”“活体重”“胴体重”“净肉重”“头蹄重”“屠宰率”“净肉率”“眼肌厚”“相关人姓名”等信息（图12-137）。

养殖人员可以通过“添加”“编辑”“删除”以上信息，也可以通过选择“羊耳号”“屠宰时间”，查询屠宰信息。

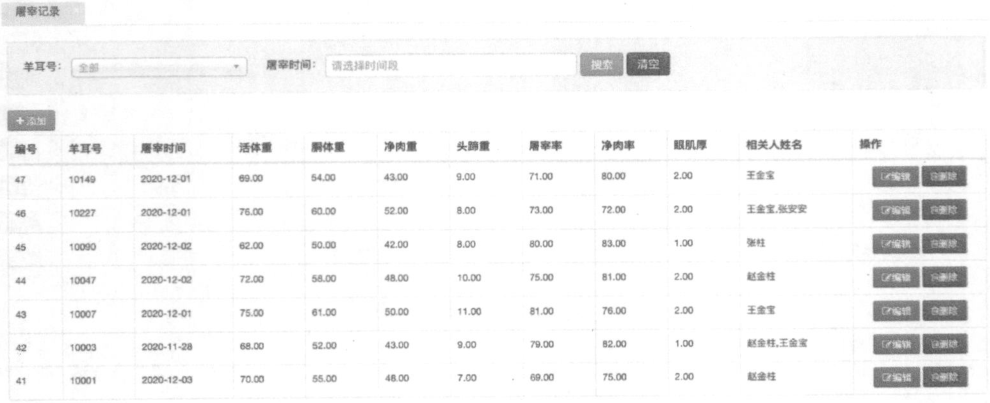
屠宰记录

羊耳号：全部 屠宰时间：请选择时间段 搜索 清空

+添加

编号	羊耳号	屠宰时间	活体重	胴体重	净肉重	头蹄重	屠宰率	净肉率	眼肌厚	相关人姓名	操作
47	10149	2020-12-01	69.00	54.00	43.00	9.00	71.00	80.00	2.00	王金宝	编辑 删除
46	10227	2020-12-01	76.00	60.00	52.00	8.00	73.00	72.00	2.00	王金宝,张安安	编辑 删除
45	10090	2020-12-02	62.00	50.00	42.00	8.00	80.00	83.00	1.00	张柱	编辑 删除
44	10047	2020-12-02	72.00	58.00	48.00	10.00	75.00	81.00	2.00	赵金柱	编辑 删除
43	10007	2020-12-01	75.00	61.00	50.00	11.00	81.00	76.00	2.00	王金宝	编辑 删除
42	10003	2020-11-28	68.00	52.00	43.00	9.00	79.00	82.00	1.00	赵金柱,王金宝	编辑 删除
41	10001	2020-12-03	70.00	55.00	48.00	7.00	69.00	75.00	2.00	赵金柱	编辑 删除

图12-137 屠宰信息